U0923296

放下

陪你一生的幸福锦囊

英　子◎著

北京航空航天大学出版社
BEIHANG UNIVERSITY PRESS

图书在版编目（CIP）数据

放下——陪你一生的幸福锦囊 / 英子著 . -- 北京：北京航空航天大学出版社，2011.11

ISBN 978-7-5124-0622-3

Ⅰ . ①放… Ⅱ . ①英… Ⅲ . ①幸福—通俗读物 Ⅳ . ① B82-49

中国版本图书馆 CIP 数据核字（2011）第 215424 号

放下——陪你一生的幸福锦囊

英 子 著

责任编辑 杨 青

*

北京航空航天大学出版社出版发行

北京市海淀区学院路 37 号(邮编 100191) http://www.buaapress.com.cn

发行部电话：(010)82317024 传真：(010)82328026

读者信箱：bhpress@263.net 邮购电话：(010)82316936

三河市汇鑫印务有限公司印装 各地书店经销

*

开本：700 × 960 1/16 印张：13.25 字数：203 千字

2011 年 11 月第 1 版 2011 年 11 月第 1 次印刷

ISBN 978-7-5124-0622-3 定价：28.00 元

前　言

尘世当中的人们，都希望自己过得幸福。很多人认为，拥有了金钱、名誉、权力、爱情就可以拥有幸福，于是，很多人对此孜孜以求。渐渐地，人们身上的包袱越来越重，面临的心理压力也越来越大，但幸福却在此时离我们日趋遥远，我们该怎么办？

办法只有一个：放下。唯有放下，我们才能迈向幸福的彼岸。有这样一个故事：

从前，有个和尚，他每年都要外出化缘，每次出去的时候，都会带着一个布袋，人们后来就叫他“布袋和尚”。人们看到他背着一个大布袋，以为他化缘是为整个寺庙的和尚们所用，所以，每当遇见他，都会布施。后来，布袋和尚发现一个布袋不够用，就又带了一个布袋出门化缘。

这天，他背着沉甸甸的两个大布袋赶回寺庙，走到半路，他觉得很累，就找了一个树荫休息，不一会儿就迷迷糊糊地睡着了。睡着睡着，他突然听到有人在耳边说：“左边一个布袋，右边一个布袋，放下布袋，何其自在。”

说了这话布袋和尚就醒了。醒来后，他细细回想着梦里的那句话：是呀，我左边一个布袋，右边一个布袋，用这么多的东西束缚了自己，压得自己喘不过气来，如果把布袋放下，那不是很轻松吗？于是，他放下了两个布袋，当下顿悟。

是呀，只有放下那些扛在肩上的重负，我们才能拥有幸福的生活。

心理学家曾经说过这样一段话：“现代人学会了追赶时间，却没有学会耐心等待；学会了急不可耐，却没有学会拭目以待；学会了对物欲的追求，却没有学会放下。于是生活中多了为情所困、为钱所迷、为官所累的人；多了愁眉苦脸、闷闷不乐、心事重重的人；多了花言巧语、虚伪矫情、言不由衷的人。”

事实上，学会放下，是一个人生理与心理健康成熟的表现。

简单地说，放下其实是一种生活态度。相对于世界来说，人是渺小脆弱的，但是很多人却忘记了这点，无限膨胀，对自己没有清醒的认识，于是，各种各样的烦恼便接踵而来：失败、挫折、失恋……此时，只有学会放下，才能卸下捆绑心灵的精神枷锁，从而在生活的路上轻装上阵。

在人生的旅途中，要学会放下遭遇过的各种不幸、挫折、失败、痛苦……只有这样，才能腾出心灵的空间去感受生活的美好。

放下也许会有遗憾，会有伤感。但是却会让生活的底蕴更加隽永和悠远，让我们生活得更加淡定和安然。

放下是一种选择，也是一种智慧。本书就是从生活的各个方面把这种智慧传递给大家，希望能给每一个人带去切实可行的幸福参考和体贴入微的温情关怀。当你学会放下，你不仅可以获得心灵的愉悦，还可免去生活中许多不必要的烦恼和纷争。

本书在策划、编写的过程中，得到了许多人的关怀和帮助，在此要特别向杨青、贾宁、燕子、杨刚、孙月英、张彩娟、董亚伟、温超、王红涛、沙京田、杨国生、白少芹等人致以诚挚的谢意，有了他们的帮助，才有了本书的诞生。

目录

第一章
人生之路始于放下

人的一生就好像是一段未知的旅途，充满了艰辛，如果我们一直背着沉重的包袱，便无法去欣赏旅途的美景。在这短暂的人生旅途中，如果能够学会放下，学会减负前行，人生就会轻松许多。

接受现实是人人必修的功课

完全接受已经发生的事，这是克服不幸的第一步。

——威廉·詹姆斯

有一位得道高僧，曾说过处理问题的十二字箴言："面对它，接受它，处理它，放下它。"面对无法改变的事情，最好的办法就是接受它。泰戈尔也曾说过："不要让我祈求免遭危难，而是让我大胆地面对它们。"

生活中，人们总喜欢假设：假设当初再坚持一下，我现在就一定是个成功的人了；假设我有足够的资金，我现在一定已经开创了一番自己的天地；假设我没有被现实蒙蔽双眼，我现在就会和心爱的人一起幸福的生活了……女人喜欢假设自己聪明漂亮，男人喜欢假设自己事业有成、帅气多金，但遗憾的是，人生是一张单程票，所有走过的、经历过的都会成为不可更改的事实和历史。如果这些事实是好的，人们自然愿意欢欢喜喜地接受；如果是不好的，人们就会从心底排斥它，不愿去接受，会在悔恨、懊恼、失望、自责中度过，直至身心俱疲。不论这些事实是美好的还是痛苦的，无论你是否愿意，都必须接受它，因为事情已经发生，便不可更改。

很多时候，我们之所以会觉得痛苦和烦恼，就是因为我们不能接受现实。考试失败了，我们不敢接受，整天沉溺于“我不应该失败”的念头中，反反复复地折磨自己，逃避考试失败的现实。其实，令我们痛苦的不是考试失败，而是“我不应该失败”这个念头，因为谁都会失败，失败是不可避免的。

世界上的很多事是我们无法左右的，就拿天气来说，你原本打算周末跟朋友一起登山，但是周末却下起了瓢泼大雨，怎么办呢？那就只能取消登山计划了。

生活中，我们会遇到许多不公平的事情，许多都是我们无法逃避的，也是无法选择的。所以，**我们只能接受已经存在的事实并进行自我调整，抗拒不但可能毁了自己的生活，也会使自己精神崩溃。因此，在面对无法改变不公和不幸的厄运时，要学会接受它、适应它。**

荷兰阿姆斯特丹有一座十五世纪的教堂遗迹，上面有这样一句让人过目不忘的题词：“事必如此，别无选择。”命运总是充满了不可捉摸的变数，如果它给我们带来了快乐，当然是好的，我们也很容易接受。但事情往往并非如此，有时，它带给我们的是可怕的灾难，如果不能接受，而是让灾难主宰了我们的心灵，那生活就会永远地失去阳光。

哲人说：“太阳底下所有的痛苦，有的可以解救，有的则不能，若有就去寻找，若无，就忘掉它。”英格兰的妇女运动领袖格丽·富勒曾将一句话奉为真理，这句话是：我接受整个宇宙。是的，你我也要接受不可更改的事实。**即使我们不接受命运的安排，也不能改变事实分毫，我们唯一能改变的，只有自己。**

世界上有三种事：自己的事、别人的事和“神”的事（事实真相和现实的事）。我们唯一能够改变的是自己的事，最容易改变的也是自己的事。毕竟，我们自己去倒垃圾，比叫别人去倒垃圾和让垃圾自己不见更容易。

成功学大师卡耐基曾说："有一次我拒不接受我遇到的一种不可改变的情况，我像个蠢蛋，不断作无谓的反抗，结果带来的是无眠的夜晚，我把自己折腾得很惨。终于，经过一年的折磨，我不得不接受无法改变的事实，日子也不再像以前那样难过。"

接受现实是人人必修的功课，但是接受现实并不等于接受所有的不幸。只要有一丝可以挽救的机会，我们就应该努力奋斗，学着去改变。但是，当我们发现情势已不能挽回时，最好就不要再思前想后，拒绝面对，要接受不可避免的事实，唯有如此，生活才能平稳、踏实的继续下去。

幸福锦囊

◆ 生活中，面对无法改变的现实，最好的选择就是接受。抱怨无济于事，它只能徒增悲伤和烦恼，把自己推向另一个看不到希望的人生沼泽。

◆ 无论何时，都不要抱怨。不要抱怨上天给予自己的不够多，也不要抱怨自己的命运如何的坎坷。那些有所成就的人，并不是因为上天多么垂青他们，而是因为他们勇于接受现实，并努力奋斗。

◆ 无论抓到的是一手好牌还是坏牌，都要想办法发挥出最高的水平。接受现实的人，才能成为真正的强者。

接受现实，是超越困境的开始

面对现实才叫勇敢，接受现实才叫坦然，适应现实才叫超越。

——牛顿

很多人，面对残酷的现实，总是试图逃避，或者抗拒接受。事实上，**没有接受，就不可能有超越**。

这个世界上，有很多不随人意的事情，这些事情就成了人间的烦恼甚至是悲剧。比如人的寿命是有限的，并不像传说中的那样可以得到永生。也正是因为这样的原因，很多人不甘心，总是在想方设法改变这个事实。古代的皇帝就曾经到处寻找长生不老的秘方，可到最后，还是逃脱不了死亡的宿命。

我们必须接受无法改变的现实。要想在自己有限的生命中做一点事情，首先就应该明白一点：接受现实，才能超越困境。

在台湾，黄美廉是一个家喻户晓的人物。她出生时患了脑瘫，后来全身的运动神经和语言神经受到了损害，导致面部畸形，口水常常不停地向外流，她同时也失去了发声说话的能力。在别人眼里，黄美廉像个“异形人”，但是黄美廉并没有让这些外在的痛苦毁掉她的生活。

在小学二年级的时候，她喜欢上了画画，在老师的启发下，她觉得自己能在这方面有所作为，于是立志当一名画家。中学毕业后，黄美廉先后进入洛杉矶学院和加州州立大学研读艺术。因为身体有残疾，所以在学画的过程中，黄美廉要付出比常人更多的努力。后来，黄美廉终于获得了加州大学艺术博士学位，她的画展也轰动了世界。

在一次演讲会上，一个中学生问她：“博士，你从小就长成这个样子，难道你从来就没有怨恨过吗？”

在场的很多人都责怪这个学生提出了这么一个让人尴尬的问题，担心黄美廉会难堪。但是出乎众人意料的是，不能说话的黄美廉笑了笑，在黑板上写下了这样几行字：

我好可爱！

我的腿很长很美！

爸爸妈妈这么爱我！

我会画画，我会写稿！

我有一只可爱的猫！上帝爱我！

最后，她以一句话做结论：“我只看我有的，不看我没有的！”

残酷的现实让黄美廉从小就懂得，**身体上的缺陷是无法改变的，不如**

拥有一颗快乐的心。这样的成熟与坦然，恐怕很少有人能够做到。**残酷的现实随时可能出现，我们唯一能做的就是接受已经发生的和不可改变的现实，并从现实出发，再作另行考虑，这样才有超越困境的可能**。而不是在那里给自己太多的假设和如果。这样做既不能真如你所愿回到过去，又会浪费你宝贵的时间，与其这样，不如接受现实，开始新生活。

你可能没有显赫的家庭，没有聪明的头脑，没有出众的外貌……但这一切都没有关系，这是你应该面对的现实，是你不管怎样都无法重新设计的；但是你还有无限的空间和足够多的机会去改变这一切。如果你拒绝接受，那么你恐怕无法静下心来，脚踏实地地做事和生活。

接受现实的意义，并不是屈服于现实，消极沉沦。接受现实，指的是面对已经发生的事情，能够心平气和地接受，不去对抗既存的事实，不愤怒不怨恨，能够专注于当前、专注于自己的职责，不做无益的对抗。

不管现实多么残酷，它已发生，已不可改变，只有接受，不在悲伤中沉沦，才是最好的选择。我们还有明天，还有希望，只有接受现实，超越悲伤，才能重新振作，才有资格迎接灿烂的明天。

幸福锦囊

◆ 在我们的人生当中，会有很多事情是无法控制的，很多时候，我们不能改变什么，唯一能做的，就是学着慢慢面对，慢慢接受。

◆ 接受现实并不意味着消极被动，只有心平气和地接受现实，才能静下心来去寻求突破。

◆ 接受现实并不意味着成为现实的奴隶，而是要调节自己的心态，寻找可以突破的出口。

放下，给你的生活开一扇窗

苦恼的最大根源是患得患失，人们常参不透，你要有所取，必须有所舍。

——罗兰

人生在世，有许多东西是需要不断放下的。人的一生，就是一个不断学习放下的过程。在仕途中，只有放下对权力的追逐，才能得到宁静与淡泊；在淘金的过程中，只有放下对金钱无止境的掠夺，才能得到安心和快乐；在春风得意、身边美女如云时，只有放下对美色的贪恋，才能得到家庭的温馨和美满。生活中，那些什么也不肯放下的人，往往会失去更珍贵的东西。

大学开学的第一天，教授给同学们上了别开生面的一课。他站在讲台上，平举着两手，没有说任何话。

所有的同学们都为教授的这一举动感到好奇，这时，教授说话了："同学们，你们看我的手里有什么东西吗？"

"没有。"同学们一起回答，教授又问："我手上现在承受着多大的重量呢？"

"0克。"同学们异口同声地回答。

教授顿了顿又问："如果我的手一直以这样的姿势，10分钟后会发生什么事情呢？"

"什么事情都不会发生。"同学们回答。

"如果我的手这样托一个小时，会发生什么事情呢？"

"你的手臂会疼。"有一个学生回答。

"你说得对，"教授点了点头，"如果一直这样托一整天呢？"

"你的手臂会变得麻木，肌肉会严重拉伤和麻痹，最后肯定得去医院。"有同学在底下说道。

“是的，也许这样一整天后，我真的就得去医院了。但是，在这期间我手上的重量变了吗？”教授问道。

“没有。”同学们一起回答。

“那么，在我的手臂开始疼痛之前，我应该做些什么呢？”教授问道。

同学们有些疑惑不解，这时，有个同学说：“把手放下呀！”

“说得很对！”教授一边将双手放了下来，一边说，“在生活中，我们可能会遇到各种各样的问题，就像我刚才平举双手那样，时间长了，就会双臂麻木，肌肉拉伤，因此，我们要学习放下。生活中，之所以有很多人不开心、不快乐，就是因为他们没有学会放下。其实，人生就是一个学习放下的过程，放下对权力的执著，我们才能收获宁静和淡泊；放下对金钱的贪恋，我们才能收获安心和快乐；放下对他人的怨恨，我们才不会一直生活在痛苦中……只有学会放下，我们的心灵才会充满阳光和温暖，才能快乐的生活。”

停顿了一会儿，教授又接着说：“同学们，今天是你们大学生活的第一课，我希望你们能记住我今天所说的话，人生就是一个不断学习放下的过程，当你们遇到烦恼、不开心、不快乐的时候，要学会放下，只有这样，你的生活才能充满阳光。”

就像这位教授所说：我们只有学会放下，才能让自己生活得更加幸福、快乐。可是现在的人，生活富裕了，烦恼却越来越多；收入增加了，快乐却越来越少。快乐与否只是一种感觉，烦恼的多少，主要取决于自己的心态。**一个人能否生活的快乐与幸福，关键就看他是否学会了放下。**

有这样一个故事：两个和尚外出化缘，路过一条河，在河边，他们看到一个女子看着河水发愁，他们过去一问才知道，原来那个女子要过河，可是河流湍急，她担心自己过不去。

这时，比较年长的和尚告诉她：“这样吧，女施主，我来背你过河。”女子同意了，于是他背着女子过了河。过河后，女子对他们说了很多感激的话，然后就离开了。

之后，两个和尚继续赶路。年纪较轻的和尚说话了："你太不像话了，佛门弟子，不应该亲近女色，而你却背着一个女子过河，这实在是有违门规，等回去以后我得告诉住持这件事情。"年长的和尚听到这话以后大吃一惊，说："你说什么呢？我早就把她给放下了，你怎么还没放下呢？"

从这个故事中可以看出，放下是一种心态的选择，该放下时要放下。在人生旅途中，如果我们总是将成败得失、功名利禄、恩恩怨怨、是是非非都牢记在心，让那些伤心事、烦恼事、无聊事困扰着我们，那就相当于是背上了沉重的包袱、无形的枷锁，生活必然会很辛苦。此时，我们要做的，就是要学会放下，**放下功名利禄、成败得失，才能轻装上阵，才能在以后的生活中不为外物所累。**

佛经上说，"如何向上，唯有放下。"只有学会了放下，我们才能从容地面对生活的诸多变故，心灵才能云淡风轻。学会了放下，即使生活总是风生水起，我们的内心也依然会波澜不惊。

放下，是一种生活的智慧，也是一门心灵的学问。**放下的过程或许很痛苦，但是疼痛之后却是轻松，你会活得更加从容。**

幸福锦囊

◆ 每个人的心灵空间都是有限的，要想装下更多美好的东西，就需要丢弃一些不必要的内容，只有这样，心灵才不会有太多的负累。

◆ 学会放下也是一种能力，只有那些能够放得下的人，才会活得潇洒，活得快乐。

◆ 人生旅途，我们要想轻松的前行，快乐的生活，就必须学会放下，学会忘记，放下那些阻挠我们成长的忧郁，忘记那些影响我们快乐的消极。

紧握双手，其实里面什么也没有

生命的全部奥秘就在于为了生存而放弃无谓的生存。

——歌德

很多时候，我们之所以紧紧地抓住某个东西，迟迟不愿松手，是因为我们害怕，一旦放手，我们就会失去。实际上，**放手并不等于失去，放手是为了更好地拥有。**

对于一份已经死亡的爱情，抓在手中又有什么意义呢？不如放手，放他（她）一条生路，也是在给自己一条生路。**放弃，并不意味着失去，放弃旧的东西，才能用新的东西填充未来，**我们每个人都应该有对新生活的憧憬以及勇敢地放弃痛苦生活的洒脱。放弃之后，你会一身轻松，太阳是全新的，外面的世界是全新的，那些旧的阴霾都已经消散，迎接你的是美好的明天。

从前，有两个农夫，他们每天都要翻过一座大山去耕地。有一天傍晚，他们在回家的路上发现路边有两大包棉花，两人喜出望外，如果将这两包棉花卖掉，足可使一家人一个月衣食无忧。所以，两人马上各自背了一包棉花，匆匆赶路回家。

走着走着，其中一个农夫看到山路上竟然有一大捆布。走近细看，竟是上等的丝绸，足足有十几匹。欣喜之余，他和同伴商量，一同放下背负的棉花，改背丝绸。

可是同伴却不同意他的看法，他认为自己背着棉花已经走了一大段路，到了这里丢下棉花，岂不枉费自己先前的辛苦？不管他怎么劝，同伴都不听，没办法，他只好竭尽所能地背起丝绸，跟同伴继续前行。

又走了一段后，背丝绸的农夫看到树林里有东西在闪闪发光，走近一看，竟然是很多黄金，农夫心想这下真的发财了，赶忙邀同伴放下肩头的棉花，改为背黄金。

同伴仍然坚持要背着棉花，以免枉费先前的辛苦，并且怀疑那些黄金不是真的，劝他不要白费力气，免得到头来空欢喜一场。

发现黄金的农夫只能尽己所能，用丝绸包了两包黄金，然后和同伴一起回家。

快到家到时候，突然下起了瓢泼大雨，两个人无处躲藏，全身都淋透了。更不幸的是，背棉花的农夫背上的大包棉花吸饱了雨水，压得他喘不过气来，棉花已经浸水，也没人愿意要了，无奈之下，农夫只好丢下一路辛苦背来的棉花，空着手和挑金子的同伴回家去了。

不可否认，不放弃是一种良好的品性，但是问题是，如果你所坚持的目标是错误的，而你仍要奋力向前，迟迟不愿放手，那只能说这是一种愚蠢的行为。**在错误的道路上，过分坚持会导致更大的错误。**成功者的秘诀是随时检查自己的选择是否出现偏差，合理地调整目标，放弃无谓的坚持，轻松地走向成功。

因此，我们要学会灵活地看待放弃和选择，什么时候应该放弃，要根据自己的情况而定。诺贝尔奖得主莱纳斯·波林说：“一个好的研究者应该知道发挥哪些构想，丢弃哪些构想，否则，会浪费很多时间在无用的事情上。”

传说有一种虫子，每当遇到一些物品，都喜欢背在自己的背上，日积月累，它背上的东西越来越多，它又不愿放下一些，终于被压趴在地上。有人见它可怜，好心地帮它取下一些，它爬起来继续前行，但遇到其他物品又会背在背上。后来，它想越过一堵高墙，却因背负太重，爬到一半的时候由于气力不支，坠地而死。

小虫什么都不舍得放下，只知道往身上堆积物品，以至于被重物压死。其实，我们又何尝没有犯过同样的错误呢？与那只小虫相比，人们更加贪婪，总是执著于名与利，执著于一份痛苦的爱，执著于渺茫的梦，执著于空想的追求，执著于人生的完美……适当地放下才是正确的选择。懂得放弃才有快乐，背着包袱走路总是辛苦，只有懂得放弃才能有更多精力去获得自己该得到的。

很多时候，**人们只看到了放下时的痛苦，却忘记了不放下所可能带来的更大的痛**。就如那只小虫一样，什么都不想放下，结果不但没有翻过高墙，还坠地而死。电影《卧虎藏龙》里有这样一句很经典的话：当你紧握双手，里面什么也没有；当你打开双手，世界就在你手中。只有懂得放弃，才能在有限的生命里活得充实、饱满。

幸福锦囊

- 懂得放下，才能使人生拥有更多精彩。
- 放下是一种超脱，一种气度，更是一种升华，一种境界。
- 我们的心灵，只有放下沉重的郁结，才会有一个快乐的人生。

选择放下，才能获得

放弃，并不意味着失去，因为只有放弃才会有另一种获得。

——罗曼·罗兰

一个年轻人，背着一个大包裹，千里迢迢去拜访一位德高望重的哲人。刚见到哲人，他就开始诉苦："先生，你不知道，我这些年生活得多么孤独、痛苦和寂寞，为了寻求幸福和快乐，我千里迢迢从远方来找您点拨。现在，长途跋涉使我疲倦到了极点，我的鞋子破了，双脚起了很多水泡；在路过一个狭窄的山路时，我的腿被尖利的石头划破了，流血不止；嗓子因为长久的呼喊而喑哑……为什么我还不能找到心中的快乐呢？"

听完年轻人的诉说，哲人打量了年轻人一下，问道："你的大包裹里装的是什么？"

年轻人说："它对我可重要了，里面是我每一次跌倒时的痛苦，每一次受伤后的哭泣，每一次孤寂时的烦恼……有了它，我才能走到您这儿来。”

于是，哲人带年轻人来到河边，他们坐船过了河。上岸后，哲人对年轻人说：“你扛了船赶路吧！”

“什么，扛了船赶路？”年轻人很惊讶，“它那么沉，我扛得动吗？”

“是的，孩子，你扛不动它。”哲人笑了笑说，“过河时，船是有用的。但过了河，我们就要放下船赶路，否则它会变成我们的包袱。痛苦、孤独、寂寞、灾难、眼泪，这些对人生都是有用的，它能使生命得到升华，但如果你对它们念念不忘，它们就成了人生的包袱。放下它们吧，孩子！生命不能负重太多，否则你就会被它们所累。”

年轻人放下包袱，顿时感到轻松了好多。生命原来是可以不必如此沉重的。

人生在世，当鱼和熊掌不能兼得的时候，如果仍然执著于“兼得”而不做任何舍弃，这样的行为就是愚者的行为。

只有选择放下，才能有所收获。

有一位名叫迈克莱恩的英国人，热衷于探险。1976年，他随英国探险队成功地登上珠穆朗玛峰。在下山的路上，一行人遭遇了暴风雪。在恶劣天气的影响下，他们每行一步都极其艰难。而最令人担忧的是，暴风雪根本就没有停下的迹象。更可怕的是，他们的食品已所剩不多，如果停下来扎营休息，很可能在没有下山之前，就会被饿死；如果继续前行，大部分路标早已被大雪覆盖，极有可能会迷路。而且，每个队员身上所带的增氧设备及行李，会压得他们喘不过气来，这样下去就会步履缓慢，登山队员即使不被饿死，也会因疲劳而倒下。

在整个探险队陷入迷茫的时候，迈克莱恩建议大家丢弃所有的随身装备，只带一些食物轻装前行。他的这一建议几乎遭到所有队员的反对。他们认为现在离下山最快也要十天时间，这就意味着这十天里不仅不能扎营休息，还可能因缺氧而使体温下降，以致冻坏身体。那样，他们的生命将是极其危险的。

面对队友的顾忌，迈克莱恩很坚定地告诉他们："我们只能这样做，这场暴风雪极有可能持续很长一段时间，如果再拖延下去，路标也会被全部掩埋。丢掉了重物，我们就不会再有任何幻想和杂念，只要我们坚定信心，徒手而行，就可以提高行走速度，这样我们还有生的希望！"最终队员们采纳了迈克莱恩的意见，一路上大家相互鼓励，忍受疲劳和寒冷，不分昼夜前行，结果只用了8天的时间，就到达了安全地带。

直到他们下山，暴风雪依旧没有停止。这时，队员们都暗自庆幸自己当初的决定。

多年后，英国国家军事博物馆的工作人员找到迈克莱恩，请求他赠送一件与英国探险队当年登上珠穆朗玛峰有关的物品，收到的却是莱恩因冻坏而被截下的10个脚趾和5个右手指尖。

因为当年迈克莱恩的决定，他们的登山装备无一保存下来，留下来的，只有那些冻坏的指尖和脚趾。这是博物馆收到的最奇特也是最珍贵的赠品。

人生其实是一个不断选择的过程，知道如何割舍，也是一种人生智慧。在人生的道路上，知道如何取舍，才能找到真正适合自己的道路。如若不然，受损害的最终是自己。

幸福锦囊

- 有时候，放下是为了更好地获得。
- 要舍得放弃，要正确对待你的失去，有时候，有放弃才有获得。

人不能总舔着伤口度日

心里存在“毒素”的人永远不会感觉生活美好，而排除“毒素”的最好方法就是学会遗忘。

——拉尔森

祥林嫂是鲁迅中篇小说《祝福》里的一个人物，她唯一的儿子阿毛被狼吃掉之后，深陷丧子之痛的祥林嫂逢人便说阿毛的遭遇，“我真傻，真的……”她的诉说，满含着一个母亲的深深自责和痛悔。阿毛遭狼袭击当天的细节，包括五脏被狼吃空，手上还紧紧捏着小篮的惨痛的一幕，都深深地刻进了她的脑海。她反复地向人们诉说惨剧，仿佛要借此舒缓内心的痛悔，寻求同样为人父母的谅解和安慰，但越是提起阿毛，祥林嫂就越是伤心欲绝，她就这样陷入了一种循环往复的痛苦漩涡中不能自拔……

无疑，祥林嫂是悲剧性的。当唯一的儿子死后，她迟迟不能从伤痛中走出，每天在悔恨、自责中度过。

在我们的身边，也有像祥林嫂这样的人物，受到伤害之后，一蹶不振，在伤痛的海洋里沉沦，迟迟不肯从伤痛中走出，每天舔着伤口度日。

一个年轻的女子，失恋之后，伤心难过，对生活失去了信心，这时，有人告诉她：“当初没有恋爱你是怎样生活的？是不是一样的开心，无忧无虑？如今你的日子不过是回到从前而已，对于你来说并没有什么损失。”女子听后，恍然大悟。

生活中，**无论我们失去了什么，受到了怎样的伤害，都不要丧失对生活的希望，更不能舔着伤口过一辈子。**

松下幸之助在很小的时候就开始在外面打工，父亲去世后，他一个人担负起了全家的重担，这也使他过早地体验了生活的艰辛。

22 岁那年，他成为一家电灯公司的检查员。有一天，松下幸之助觉得自己身体不舒服，到医院检查之后发现得了家族病。这种病已经让九位

家人在30岁前离开了人世。此时，他已没有了退路，他反而豁达起来，对可能发生的事情也有了充分的心理准备。后来，他自己摸索出了一套与疾病斗争的办法：不断调整自己的心态，以平常心面对疾病，调动机体自身的免疫力、抵抗力与病魔作斗争，使自己保持旺盛的精力。这样的过程持续了一年，他的身体也变慢慢得结实起来，内心也越来越坚强。

患病一年的苦苦思索，加上工作方面不顺利，使他决心辞去公司的工作，独立经营插座生意。创业之初，正逢第一次世界大战，物价飞涨，而松下幸之助手里的资金还不到100元。公司成立后，最初的产品是插座和灯头，但销量不佳，工厂到了举步维艰的地步，后来，员工相继离去，松下幸之助又陷入了困境。

但是，他并没有因此放弃对梦想的追求，他把这一切都看成是创业的必然过程，他告诉自己："再下点工夫，总会成功的！已有更接近成功的把握了。"

功夫不负有心人，在松下幸之助的坚持下，生意逐渐有了转机，公司也慢慢走出了困境。

1929年，世界性的经济危机席卷全球，日本也未能幸免。日本的战败使得松下幸之助几乎变得一无所有，但是他依然没有屈服，反而越挫越勇。

如今，"松下"已经成为享誉全世界的知名品牌。如果当初在得知自己患上家族病的那一刻，松下就将失去希望，沉浸于悲伤之中，那么，我们或许就不会看到今天这个闻名全球的品牌了。

人的一生很短暂，生活中有各种各样我们想不到的事情，这些事情本身并不可怕，可怕的是我们无法从这些事情所造成的影响中抽身出来，尽早以最新、最好的状态去投入接下来的事情。哪怕我们身无分文，我们也可以从身无分文起步，一点一点地打拼。不论什么时候，都应该相信一点：磨砺到了，幸福也就来了。

幸福锦囊

◆ 芸芸众生，有人生活得快乐自在，有人生活得沉重痛苦，很多时候，是因为前者拿得起，放得下，而后者拿得起，放不下。

◆ 忘掉曾经刻骨铭心的伤痛，忘掉曾经难以承受的苦难……忘掉过去，你将拥有幸福的生活。

◆ 学会忘记，也就学会了宽恕自己，解救自己。

第二章
所有的一切，都将过去

人的一生，难免遭遇不幸和痛苦，但是，无论是痛苦与快乐，成功与失败，一切都会随着时间的流逝成为过去。所以，我们不必沉湎于过去的挫折和苦难，也不必为一时的成功沾沾自喜，所有的一切都会过去，不管是美好的，还是痛苦的，一切都会成为回忆。

永远不要后悔，我们无法选择回去的路

只管走过去，不要逗留着去采了花朵来保存，因为一路上，花朵会继续开放的。

——泰戈尔

一个少年挑着一担沙锅匆匆赶往集市，路过一条狭窄的山路时，几个沙锅掉在地上摔碎了，可少年却头也不回地继续前行。路人喊住少年："你的沙锅摔碎了。"少年回答："我知道。"路人又问："那为什么不回头看看？"少年说："已经碎了，回头何益？"说罢继续赶路。

看到这个故事，不知道你有没有一点感悟：是呀，既然沙锅已经碎了，回头看又有什么用呢？

正如我们的人生，走过的那一段已经无法重新开始，不管你再怎么惋

惜、悔恨也无法改变既定的事实。**与其在痛苦中挣扎，还不如重新找到一个目标，再一次奋发努力。**不要因为过去的失败做无谓的自责和叹息，当我们真正学会放弃，会发现那才是一种真正的超越，一种真正的战胜自我的强者姿态。

一位有着多年临床经验的心理医生撰写了一本医治心理疾病的专著，有一次，他受邀到一所大学讲学，课堂上，他拿出了厚厚的著作，说："这本书有1000多页，里面有3000多种治疗方法，100000多种药物，但所有的内容，其实只有四个字。"

说完，他在黑板上写下了：如果，下次。

医生接着说："很多时候，造成人们精神消耗和折磨的就是'如果'这两个字。'如果我考进了大学'、'如果我当年不放弃他'、'如果我当年换了其他的工作'……这些是我这么多年来听到最多的话语。治疗心理疾病的方法有很多，但最终的办法只有一种，就是把'如果'改成'下次'：'下次我有机会再去进修'、'下次我不会放弃所爱的人'……只有这样，人们才能真正地从痛苦中走出来。"

很多时候，影响一个人幸福的，并不是物质的贫乏和丰裕，而是一个人的心境。**如果把自己的心浸泡在后悔和遗憾的旧事中，痛苦必然会占据整个心灵。**

卡耐基先生有一次造访希西监狱，对狱中的囚犯看起来竟然也和世人一般快乐很是惊讶。典狱长罗兹告诉卡耐基："犯人刚入狱时都甘愿服刑，并尽可能快乐地生活。"这时，卡耐基看到有一位花匠囚犯在监狱里一边种着蔬菜、花草，一边轻哼着歌！他哼唱的歌词是：

事实已经注定，事实已沿着一定的路线前进，
痛苦、悲伤并不能改变既定的形势，
也不能删减其中任何一段情节，
当然，眼泪也于事无补，它无法使你创造奇迹。
那么，让我们停止流无用的眼泪吧！
既然谁也无力使时光倒转，不如抬头往前看。

卡耐基听完，终于明白了这些人快乐的原因。

令人后悔的事情在生活中经常出现，许多事情做了后悔，不做也后悔；许多人遇到后悔，错过了更后悔；许多话说出后悔，不说也后悔……**人生没有回头路，也没有后悔药。**过去的已经过去，你再也无法重新设计。后悔，只会消弭未来的美好，给未来的生活增添阴影。

只要你心无挂碍，什么都看得开、放得下，何愁没有快乐的春莺在啼鸣？何愁没有快乐的泉溪在歌唱？何愁没有快乐的白云在飘荡？何愁没有快乐的鲜花在绽放？所以，放下就是快乐。**不被过去纠缠，才是幸福的人生。**

“圣雄”甘地在行驶的火车上，不小心把刚买的新鞋弄掉了一只，周围的人都为他惋惜。不料甘地立即把另一只鞋从窗口扔了出去，这让人惊讶不已。甘地解释道：“这一只鞋无论多么昂贵，对我来说也没有用了，如果有谁捡到一双鞋，说不定还能穿呢！”

很多人都有过某种重要的物品丢失的经历，但很少有人能像甘地这样豁达，究其原因，就是我们并没有调整好心态去面对失去，没有从心理上承认失去，总是沉湎于已经不存在的东西。那么，**与其为失去的懊恼，不如正视现实。**事情既然已经过去，不论你捶胸顿足或者痛哭流涕，都不会对既定的事情产生影响，既然如此，那就别再后悔，而应该向前看，因为明天、未来才是你最需要考虑的。

幸福锦囊

◆ 犯错误是正常的，最重要的是从错误中吸取经验教训。

◆ 悔恨是不能解决任何问题的，也没有必要为了过去的错误不停地谴责自己。

◆ 不要对自己太苛责，要学会宽恕自己，经常对自己说：过去的就让它过去吧，大不了一切从头开始。这样，才能够乐观地生活下去。

不是烦恼离不开你，而是你撇不下它

快乐好比一只蝴蝶，你若伸手去捉它，往往会落空；但如果你静静坐下，它反而会在你身上停留。

——佚名

从前，有一个富翁，已经赚了足够的钱，但他却发现自己越来越不快乐。他觉得自己得了抑郁症，于是开始了漫长的寻医问药之路。半年多的时间过去了，富翁不仅没有找到好的医生，还发现自己越来越忧郁。后来，他听说在一个偏僻的地方有一位有名的心理医生，他抱着试试看的心态前去问诊。

心理医生听完了他的诉说，告诉他："你的病不算厉害，我有个很好的处方，保证有效！"富翁听后喜出望外，医生就从抽屉里拿出三个纸包递给富翁。

医生叮咛他："这三个纸包中各有一帖药，你每天服用一帖，病三天就能好。不过，你要记住，这些药必须要在沙滩上服用，才会见效。"

富翁半信半疑，告别心理医生后马上来到沙滩，他迫不及待地打开了第一个纸包。令富翁失望的是，纸包里面根本就没有药，富翁正想破口大骂，却看到纸上有一行字：在沙滩上躺三十分钟。富翁觉得自己被耍了，但心想死马当活马医吧，便依照指示，躺在沙滩上。刚开始的时候，他一直想着自己被骗了，心中愤愤不平，但躺了一会儿之后，他的心开始平静下来。他听到了海浪的声音，还隐约闻到了海水的咸味，这时，他发现蓝天中的云朵正随着清风不断地变幻……富翁觉得没那么烦躁了，他就这么一直躺着，直到夕阳西下，他才发觉自己躺了不止三十分钟。

第二天，富翁又来到沙滩，他打开了第二个纸包，里面还是只有一行字：在沙滩找出五条搁浅的小鱼，把它们扔回海里。富翁照做了。当看到奄奄一息的小鱼，回到海里马上变得生龙活虎的时候，富翁突然觉得心

情好了很多，于是他在沙滩上不停寻找那些搁浅的小鱼，扔了一条又一条。

第三天，富翁打开最后一个纸包，上面还是只有一行字：把你的烦恼都写在沙滩上。富翁找了一根小树枝，开始在沙滩写自己的烦恼：跟妻子的关系越来越冷淡；孩子越来越不听话；合作伙伴突然撤资，对生意造成了很大的影响；下属办事不力……后来，他写累了，直起腰来，他发现自己竟然写满了沙滩！正在他发愣的时候，一阵海浪打上来，富翁惊讶地发现，刚刚被他写满烦恼的沙滩，顿时恢复原来的样子，他所写的那些烦恼，被海水吞噬得一干二净。富翁恍然大悟，原来那些烦恼不过是自找的。

生活中，如果你留心观察，你会发现一个奇怪的现象：有的人本来应该很幸福，但是看起来却很烦恼；有的人本来该烦恼，但是看起来却很幸福。

那些活得糊涂的人，容易幸福；而活得清醒的人，则容易烦恼。这是因为，清醒的人看得太真切，一旦较真，生活中便烦恼遍地；而糊涂的人计较得少，虽然活得简单粗糙，却因此觅得了人生的大境界。

所以，**人生的烦恼是自找的，不是烦恼离不开你，而是你撇不下它。**

生活中，确实存在很多矛盾和困难：物价上涨，住房拥挤，人际关系紧张……真让人有点儿喘不过气来。此时，你若一味地生气、郁闷，其实就是在自寻烦恼，诅咒、谩骂、生闷气不仅无济于事，反而给疲惫的身躯又增加了几分负担。倒不如看开些，这样才会活得惬意。

人生本来就是苦、辣、酸、甜、咸五味俱全，生活中，看不惯的很多，理解不了的也很多，但人的能力是有限的，愤世嫉俗不会改变事态的发展，也不会使关系缓和，除了让你徒增烦恼，不会有其他的效果。不妨**让自己保持一种恬淡、安静的心态，去做自己应该做的事情**。如果你整日为闲言碎语、磕磕碰碰的事情郁闷、恼火，总去找人诉说，与对方辩解，甚至变本加厉地报复，那不仅会贻误自己的事业，而且还会加重你的烦恼。

要想在这个社会中活得舒心、自在，就必须收敛自己的锋芒，用微笑和幽默化解人与人之间的怨恨和矛盾，抛开好胜和计较的狭窄心胸，对于世事和他人都多一些宽容大度，我们才能笑对人生。

幸福锦囊

◆ 我们既然不能改变既成事实，为什么不改变面对事实，尤其是坏事的态度呢？

◆ 很多时候，人的烦恼都是自找的，要想从烦恼的牢笼中解脱出来，就要做到“心无一物”，放下心中的一切杂念，烦恼自然就会烟消云散。

◆ 很多人之所以烦恼，其实是因为他们总杞人忧天的去担心自己是否幸福。不妨让自己生活得充实一点，让更多有意义的事情填充自己的时间。

放下不是简单的丢弃，而是舍掉不必要的包袱

人生最重要的不是努力，不是奋斗，而是抉择。

——约翰逊

坐在出租车上，司机问：“先生，是走最短的路，还是走最快的路？”小尤好奇地问他：“最短的路不是最快的吗？”“当然不是，现在是高峰，最短的路经常堵车，走的时间就长。您要是有急事，就得绕道走，多跑点路，可能早到……”“我有急事，当然选择最快的路。”

一个人不只是在坐出租车时会遇到这种情况，我们时时刻刻都会面临这样的事情。大到人生道路的选择，小到吃喝拉撒的决定。每天，我们都

会在选择中度过。**其实，人生就是一个选择的过程。**那么，当机会接踵而来的时候，我们该如何做出选择呢？**知道自己心中真正想要的是什么，才能在重大选择面前有一个正确的衡量标准。**

人们都知道，李白是唐朝著名的浪漫主义诗人，他的一生颇具传奇色彩。“仰天长笑出门去，我辈岂是蓬蒿人”的名句，在潇洒傲岸之中，透出他建功立业的豪情壮志。后来，他凭借着生花妙笔，很快名扬天下，成为翰林学士，这是很多古代文人梦寐以求的。但是一段时间之后，李白发现自己不过是替皇帝做点缀的御用文人。此时的李白就面临着选择：是继续留在宫中做翰林学士，享受荣华富贵，还是离开皇宫，穷困潦倒地过自由自在的生活？权衡再三，李白毅然选择了“安能摧眉折腰事权贵，使我不得开心颜”，弃官而去。

其实，我们的人生就是由许许多多的选择构成的，许多时候，一些看似无谓的决定实际上是在为我们以后的重大选择奠定基础。无论多么远大的理想、伟大的事业，都必须从小处做起，从平凡处做起，所以，对于那些看似琐碎的选择，也要慎重对待。

只有选择了适合自己的，才能有所成就，否则，生命将难以承受！

一位老师带着他的学生来到一个神秘的仓库，仓库里堆满了各种各样散发着奇光异彩的宝贝。学生看着眼前琳琅满目的宝贝，欣喜若狂，他拿起一件，仔细地观察起来。他发现上面刻着“快乐”两个字，他又拿起另外一件，上面也刻着“善良”。原来，这里的每件宝贝上面都刻有文字，它们分别是：骄傲，正直、快乐、爱情……

老师告诉学生：“这里的每件宝贝代表一样东西，你可以带走你需要的那些。”

学生听后，喜出望外，但是这些宝贝都是那么漂亮和迷人，他见一件爱一件，抓起来就往口袋里放。

很快地，口袋就装满了，学生背着满满当当的口袋，跟着老师依依不舍地离开了仓库。在回家的路上，他才发现口袋是那么沉。没走多远，他便气喘吁吁，两腿发软。

这时，老师说话了："孩子，我看你还是丢掉一些宝贝吧，回家的路还远着呢！"

学生心里尽管十分不情愿，但是实在是背不动了，于是就在口袋里翻来翻去，丢掉了两件宝贝。接着，他们又开始往回走，但宝贝还是太多，口袋还是太沉，学生不得不一次又一次地停下来，咬着牙丢掉一两件宝贝。"痛苦"丢掉了，"骄傲"丢掉了，"烦恼"丢掉了……口袋的重量不断减轻，但学生还是感到很沉很沉，双腿依然像灌了铅一样的重。

"孩子，"老师又一次劝道，"你再翻一翻口袋，看还可以丢掉些什么。"

学生终于把"名"和"利"也翻出来丢掉了，口袋里只剩下"谦虚"、"正直"、"快乐"、"爱情"。当他再一次将口袋背到肩上的时候，他觉得轻松多了。

当他们走到离家还有5公里的一个森林处的时候，学生又一次感到了疲惫，这次是前所未有的疲惫，他真的再也走不动了。

"孩子，你看还有什么可以丢掉的，现在离家只有5公里了，要是你不肯丢掉一些，我们今天恐怕回不去了，一会儿到了晚上这里可是会有猛兽出没的。"

学生想了想，拿出"爱情"看了又看，恋恋不舍地放在了路边。

天黑之前，他们终于走出了那个森林。这时，老师舒了一口气，对学生说："我的孩子，经历过这次奇妙的旅程，你终于学会了选择和放弃。"

哲人告诉我们：人生要学会放下。但放下不是简单的丢弃，而是舍掉那些不必要的包袱。这是只有聪明人才能明白的道理，你是这样的人吗？

幸福锦囊

◆ 人生要懂得舍得，没有舍就没有得，要学着放下，这是生活的另一种选择。

◆ 人生如戏，每个人都是自己的导演，只有学会选择和懂得放弃的人才能创作出精彩的剧目，拥有海阔的人生。

忘掉过去的伤痛，生活就会向你绽开笑颜

一个人应当摈弃那些令人心颤的杂念，全神贯注地走自己脚下的人生路。

——斯蒂文森

生活中，总有一些事情需要我们牢记心头，而又有另外一些事需要我们忘却于脑后。什么该记住，什么该忘却，是我们要用心体会、用心分辨的。

有一个书生和几个好朋友结伴去旅行，一路上几个人相互照顾。

一天，他们在翻过一座大山时，书生脚下一滑向悬崖边倒去，就在这一瞬间，一个好朋友不顾自身安危拼命拉住了他。下山后，书生在一块大石头上刻下：某年某月某日，好朋友某某救了书生一命。

后来，他们继续前行。一个月后，他们来到海边，书生跟救他的那个好朋友因为一点小事争吵起来，好朋友一气之下打了书生一个耳光，于是，书生就在沙滩写下了：某年某月某日，某某打了书生一个耳光。

同行的人不解，好奇地问书生："你为什么把好朋友救你的事刻在石头上，而把他打你的事情写在沙滩上？"

书生解释说："好朋友救了我，我永远都感激他。他打我，我则希望自己尽快忘掉。"

不可否认，人是这个世界上最高级的一种动物，任何人，在具备"动物性"的同时也拥有"人性"。所谓"动物性"就是——人是容易记仇的动物，他会把损害自己利益的人与事牢记于心；而在"人性"则是，他能在"忘"与"记"之间做出正确的选择：很快忘掉不愉快的东西，永远牢记别人的"好"。人之所以为人，就是在"人性"和"动物性"的较量中，"人性"永远占据上风，即使是暂时落败，最后也会取得胜利。所以，在人生的旅途中，**我们要学会记住别人的好，忘却对别人的不满，这样才能让自己活得更自在、更轻松，坦然地面对旅途上的风风雨雨。**

三毛小时候是一个非常勇敢而又聪明活泼的小女孩，但在上初中后，数学成绩渐渐出现了滑坡，几次小测试都不及格，为此，三毛心里很自卑。

后来，三毛发现每次小测试的题目都是从课本后面的习题中选出来的。于是，每次临考前，她都会把习题背熟了。运用这个方法，连续几次的测试她都取得了满分。数学老师对此有些怀疑，决定要单独测试一下三毛。

这天，老师将三毛叫进办公室，将一张准备好的数学卷子交给她，让她十分钟内完成。由于题目难度很大，三毛得了零分。

之后，上数学课的时候，老师在全班同学面前羞辱了三毛。他让三毛站在同学面前，用毛笔在三毛眼眶四周涂了两个大圆圈，全班同学哄笑不已。老师并没有就此罢手，他又命令三毛到教室外面，在大楼的走廊里走一圈再回来，三毛不敢违背老师命令，只得一步一步将漫长的走廊走完。

对于一个十多岁的孩子来说，这无疑是沉重的打击，三毛开始讨厌上学，厌恶学校，于是开始逃学。当父母鼓励她要正视现实，鼓起勇气再去学校时，她坚决地说"不"，并且自此开始休学。

休学在家的日子，三毛仍然不能从这件事的阴影中走出来。当家人在

一起时，姐姐弟弟不免要说些学校的事，这令三毛痛苦不堪。这件事对三毛后来的性格以及人生道路产生了很大的影响。

其实，三毛的痛苦就在于她不能忘记。**假如一件事对我们已经造成伤害，如果我们不能忘记它，还要经常回忆它，就无异于在旧伤上又添了新的伤口**。这时，最明智的方法就是学会忘记，忘掉过去的伤痛。

一个人，要想活得开心、洒脱，最好的方法便是做个健忘的人。如果对那些痛苦的事情念念不忘，那么，即使事情只发过一次，它也会每天在你的脑海中出现，所以，请学着将痛苦的事忘记，只有忘记过去的伤痛，我们才能生活得开心。

幸福锦囊

◆ 不管过去是美好抑或悲伤，那都已成了过去，即使你再把它保留、收藏，也毫无意义，不如让它随风而去。

◆ 要真正忘记伤痛，并不是一件容易的事。但是，只有忘记过去的伤，我们才能收获今日的甜。

◆ 即使过去的伤痛难以忘记，也不要再去想那让人烦恼的过去，给自己一份清静，过好今天以及未来，这才是最明智的选择。

再烦，也别忘了微笑

微笑不值一分钱，但它却能带来许多东西。它让获得微笑的人感到富有，又不损失微笑者一分一厘。

——培根

大街上，一个穷苦的妇人带着一个四岁的男孩漫无目的地走着，他们

也不知道要去哪里，街边琳琅满目的商品是他们所负担不起的。

走了一会儿，母子俩走到一架快照摄影机旁，照相的小伙子热情地招呼他们："来给你的孩子照张相吧。"孩子拉着妈妈的手说："妈妈，让我照一张相吧。"妈妈弯下腰，拽了拽孩子紧巴巴的衣服，很慈祥地说："不要照了，你的衣服太旧了。"孩子沉默了片刻，抬起头来说："可是，妈妈，我仍会面带微笑的。"

每次看到这个故事，心就会被那个小男孩感动。小男孩的话无意中道破了一个真理：再烦，我们都不能忘了微笑。

约翰·内森堡是一名犹太籍的心理学博士。第二次世界大战期间，他在纳粹集中营里受尽了折磨。他曾经绝望过，集中营里只有屠杀和血腥，没有人性、没有尊严。那些持枪的人像野兽一样疯狂地屠戮着，无论是怀孕的母亲，刚会走路的孩子，还是年迈的老人，都无一幸免。

他时刻生活在恐惧中，那种对死的恐惧让他感到一种巨大的精神压力。集中营里，每天都有人因此而发疯。内森堡知道，如果不能很好地控制自己的情绪，自己或许也难以逃脱精神失常的厄运。

有一次，他在工地上劳动的时候脑海里突然涌现出很多疑问：晚上能不能活着回来？是否能吃上晚餐？他的鞋带断了，能不能找到一根新的？这些疑问让他感到烦躁不安。于是，他强迫自己不想那些倒霉的事，而是刻意幻想自己是在前去演讲的路上，他来到了一间宽敞明亮的教室，他正精神饱满地在发表演讲……

这样想着，他的脸上慢慢浮现出了笑容。这是久违的笑容。当他知道自己也会笑的时候，他也就知道了，自己不会死在集中营里，他会活着走出去。从那天开始，他就开始有意无意地练习微笑。

多年后，当内森堡从集中营中被释放出来时，精神依旧很好。

微笑是人心态的外在表现，它不仅能够给日渐枯萎的生命注入新鲜的甘露，也会使你的人生开出幸福的花朵。

人们常说：境由心生，境随心转。我们内心的思想可以改变外在的容貌，同样也可以改变周遭的环境。不论你在生活中遭遇了怎样的困难，不

论你心情多么烦躁，始终要记得学会微笑。

正如法国作家拉伯雷所说的：“生活是一面镜子，你对它笑，它就对你笑，你对它哭，它就对你哭。”如果我们整日愁眉苦脸地生活，生活肯定愁眉不展；如果我们爽朗乐观地生活，生活肯定阳光灿烂。既然现实无法改变，当我们面对困惑、无奈时，不妨给自己一个灿烂的笑脸！

微笑是阳光的美丽外衣，所以，不论你有多烦，不论情况有多糟，都别忘记了微笑。

很多时候，问题的关键不在于发生了什么，而在于我们怎样看待发生的这些事。无论何时，你都必须接受既定的事实，把个人的悲伤掩藏在微笑背后，平静地生活，这是你面对生活的最好方式。

幸福锦囊

◆ 当你的眼睛从悲伤与难过的氛围中移开，你就可以做一个快乐的天使。

◆ 你愿意微笑吗？试试看，它可能会改变你的整个生活。微笑是和煦的春风，是快乐的精灵，是看不见的人生财富。

◆ 不论你的天空是阴云密布，还是阳光灿烂，都别忘记了一项最重要的东西——微笑。

坎坷、浮沉，是对生命最好的磨炼

患难困苦，是磨炼人格之最高学校。

——梁启超

蝴蝶身上那双美丽的翅膀令人羡慕，但是很少有人知道，破茧成蝶的过程是很痛苦的，只有经历了那种撕心裂肺的痛苦，蝴蝶才能够生出一双美丽的翅膀。

有个孩子想了解蝴蝶破茧成蝶的过程，于是爸爸给他找来了一只茧。这天，他看到茧上裂开了一个小口，他兴奋地跳了起来，他终于能看到破茧成蝶的过程了。他一直在旁边观察着，蝴蝶在艰难地将身体从那个小口中一点点地挣扎出来，这样过去了好长时间，蝴蝶不动了，看样子它似乎已经筋疲力竭了。

孩子看得有些心疼，决定帮助蝴蝶一下。他拿来一把剪刀，小心翼翼地将茧破开。蝴蝶很容易地就从茧里挣脱出来，但是让孩子失望的是，蝴蝶的身体很萎缩，很小，翅膀紧紧地贴着身体。孩子想，或许是刚刚从茧里出来的缘故吧，过一段时间，蝴蝶的翅膀就会打开并伸展开来，成为一只健康美丽的蝴蝶了。

然而，这一刻始终没有出现！

后来，这只蝴蝶在余下的时间里都极其可怜地带着萎缩的身子和瘪塌的翅膀爬行，它一直也没能飞起来。

这个孩子并不知道，蝴蝶从茧上的小口挣扎而出，这是上天的安排，它要通过这一挤压过程将血液从身体挤到翅膀，这样它才能在脱茧而出后展翅飞翔。

很多人都想有所成就，但是又害怕经受痛苦。很多人希望享受温馨安逸的生活，可是却害怕生活中的困境，学业上的困难，工作中的压力。然而，**无论生活还是工作，就像是化蝶的过程，需要忍受痛苦，才能生出一双美丽的翅膀。**

意大利著名的小提琴演奏家帕格尼尼从小就疾病缠身，一生中几度死里逃生：4 岁的时候患上了麻疹和可怕的昏厥症，险些丧命；儿童时期，患上严重肺炎；46 岁时，突然牙床长满脓疮，最后拔掉几乎所有的牙。紧接着又染上了可怕的眼疾，双眼几乎失明，幼小病弱的儿子是成了他的“拐杖”；50 岁后，相继发作的关节炎、肠道炎、喉癌等多种疾病吞噬着他的身体；后来，他的声带也坏掉了，只能由儿子凭他的口型传达

他的想法……

看到这段文字，是不是觉得很震惊？尽管一生中苦难重重，但帕格尼尼还是创作出了《随想曲》、《无穷动》、《女妖舞》、六部小提琴协奏曲及许多吉他演奏曲。他在15岁的时候就成功举办了一场举世震惊的音乐会，并借此一举成名，他的名声自此传遍英、法、德、意、奥、捷等很多国家。

苦难没有打倒帕格尼尼，相反，他在苦难中成长为音乐巨人。

一个人，要想得到他人的认可，自己要先变得强大起来。也许在奋斗的过程中困难重重，但生活却给人同样的机会，用信心和勇气去争取，就会战胜困难，在生命的困顿中出人头地，找到生活的意义。

在弱者眼里，苦难是鞋里的细沙；在强者眼里，苦难是一颗华丽的珍珠。其实，苦难是对人生的一种磨炼，那些通过考验的人，会变得更加坚强。在苦难中，他们始终能保持清醒的头脑，经过磨炼，他们知道自己所拥有的一切都是来之不易的，因此更加感恩和珍惜。而那些没有通过考验的人，只能默默无闻、痛苦地活着。

所以，不要再抗拒苦难，只有经过苦难的磨炼，才会更好地成长。风雨过后，一定会有彩虹！

幸福锦囊

◆ 在坎坷的路途上，坚强勇敢的人抓住了机会，因此他们成功了。我们每一个人都要经历磨难，不应该被磨难压弯脊柱，而应做一个把苦难打倒的坚韧的人。

◆ 在困苦和磨难中学会忍耐，学会培养坚定的意志，学会从容坦然地面对挫折以及失败的打击，只有这样，我们才能更强大。

第三章
人生苦短，要学会善待自己

拥有健康的体魄，拥有快乐的心境，做自己喜欢的事情，实现自己的价值，便是人生最大的幸福。然而，好景不常在，好花不长开，人生短暂，因此，我们要学会珍惜、善待自己，唯有这样，在生命结束的时候，我们才不会遗憾。

千万不要用别人的错误惩罚自己

生气，是拿别人的错误惩罚自己。

——康德

从前，有一位妇人，总是因为一些琐事生气，她也很苦恼，便去求一位高僧为自己指点迷津。

高僧听了她的来意，一言不发，将她领到一个禅房中，然后锁门离开。

妇人开始很惊愕，当她反应过来的时候，气得跳脚大骂，但许久也没人理会。骂累了，妇人开始哀求，仍然没人理她。

妇人只好沉默了。这时，高僧来到门外，问她："你还生气吗？"

妇人说："我只是在生自己的气，我怎么会到这种地方来受罪？"

“连自己都不肯原谅的人怎么能做到心如止水？”高僧拂袖而去。

过了一会儿，高僧又在门外问她：“还生气吗？”

“不生气了。”妇人说。

“为什么？”

“生气也没有用呀。”妇人无奈地回答。

“看来你的气还没消，还积压在心里，一旦爆发将会更严重。”说完，高僧又离开了。

又过了一会儿，高僧第三次来到门前时，妇人告诉他：“我不生气了，因为不值得。”

“还知道值不值得，可见心中还有衡量，还是有气根。”高僧笑道。

夕阳西下，当高僧再次出现在门外时，妇人问高僧：“大师，气是什么？”

高僧打开门锁，将手中的茶水倾洒于地上。妇人看了一会儿，若有所悟。在拜谢过高僧后离去。

“气”是什么？**气是别人吐出而你却接到口里的那种东西，你吞下便反胃，不看它时，它便会消散了。**既然如此，何苦要生气呢？

世间万事，对人的健康损害最大的，莫过于生气，诸如咆哮如雷的“怒气”，暗自忧伤的“闷气”，牢骚满腹的“怨气”，有口难辩的“冤枉气”等。《内经》中曾明确指出：“百病生于气矣。”

美国生理学家爱尔马曾经做过一个简单的实验：把一支玻璃试管插在装有冰水混合物的容器里，收集人们在不同情绪状态下的“气水”。研究发现：当一个人心平气和时，他呼吸时水是澄清透明的，悲痛时水中有白色沉淀，悔恨时有蛋白质沉淀，生气时有紫色沉淀。之后，爱尔马把人在愤怒时呼出的“生气水”注射到大白鼠身上，12 分钟后，大白鼠竟然死之了。由此，爱尔马分析认为：“人生气时的生理反应十分强烈，分泌物比其他任何情绪时分泌的都复杂，且更具毒性。因此生气的人很难获得健康，更难长寿。”

看到这样的实验结果，你还敢乱发脾气吗？

生活中，我们总会被一些琐碎的事情困扰，为毫无由来的事情生气，却不知**生气是用别人的过错来惩罚自己的蠢行**。遇事生气是最不明智的一种选择。正如莎士比亚所说：**“不要因为你的敌人燃起一把火，你就把自己烧死。发怒烧到的只有你自己。”**留心四周，我们随时可以找到正在生气的人：商店里，顾客也许正在和营业员吵架；出租车上，司机也许正因交通堵塞而满脸怒气；公共汽车上，两名乘客也许正在为抢占座位而大打出手……此种情形，举不胜举。那么你呢？是否动辄勃然大怒？是否让愤怒成为了你生活中的一部分？也许，你会为自己的暴躁脾气大加辩护：“人嘛，总有生气发火的时候。”“我要不把肚子里的火发出来，非得憋死不可。”在这种借口之下，你时不时地跟自己生气，也冲着他人发火，你似乎成了一个只会生气的人。

但是愤怒之后情况就会有所改变吗？既然生气、发怒也不能改变既定的事实，那何苦要跟自己过不去呢？何必为别人背沉重的包袱？何必为别人犯下的错误承担责任呢？其实，**人只要肯换个想法，换一下视角，就会有新的心境。**

不论什么时候，都要记住一点：生气是一种毒药！我们不能让自己的情绪只停留在问题的表面，我们必须学习“转念”、“少点怨，多点包容”，让负面情绪远离自己，用乐观的思绪迎接人生。

幸福锦囊

◆ 在每次要发脾气前，先冷静问下自己：“别人会不会为我的坏脾气“埋单”？如果别人不会你也不想，那还是收起你的怒气吧。

◆ 气大伤身，不论什么时候，都该以宁静、博爱的心态面对一切，这样烦恼自会远离。

活在自己的心里，而不是别人的眼里

幸福就像香水，不是泼在别人身上，而是洒在自己身上。

——爱默生

小洁大学毕业后凭着自己的努力进了政府部门，平时的工作也不太忙，上班的时候，同事们经常聚在一起聊天。这天，办公室的一位大姐对小洁说："你看别的女子，个个穿着时髦的衣服，化着漂亮的妆。你看你这么年轻，也应该打扮打扮。别老抱着书本啃，都快变成书呆子了。"大姐的话并未引起小洁的注意。后来，又有几个同事跟小洁说了同样的话，渐渐地，小洁也开始觉得自己的衣着过于朴素了。于是，为了让自己在别人的眼里光鲜艳丽，小洁把平时用来买书的钱和闲暇的时间，都花在了时装店、美容院、化妆品店和理发店里。

小洁住的地方离单位很近，骑自行车15分钟就到了。但很多有电动车的同事比她还快。而小洁仍然每天骑着自行车上下班。于是，就有人建议小洁："你也买辆电动车吧，骑着很省力，现在满大街的人都骑电动车了，没几个人骑自行车了。"小洁告诉他："我住的地方很近，没那个必要。"那人问她："是不是不舍得花钱啊……"小洁听了后心里很不是滋味，她不愿意自己在别人留下一个吝啬的印象。于是，她也买了一辆电动车。

在平时的工作中，有同事在上班的时候偷偷干私活，小洁则兢兢业业做着自己的本职工作。这时，就有同事对小洁说："你别傻了，工作嘛，马马虎虎就行了，有空做做自己的事。"于是，为了让自己在别人的眼里不是那么傻乎乎，小洁也开始学着其他同事的样儿，在工作的时候偷偷干一些自己的事。

就这样，小洁每天都小心谨慎地，生怕什么时候说错了话，做错了事。她怕自己的言行会伤害到别人，更怕损害了自己在别人眼中的形象。

有时候，看到别人在背后笑或者在她面前说话吞吞吐吐，小洁就会感到不安，她会胡思乱想，怀疑别人是在笑自己……

每一天，小洁都会过得很辛苦。

后来，小洁将自己的烦恼告诉了好朋友南茜，听完小洁的话，南茜反问了小洁一句："你是在为谁而活？"南茜的话把小洁问懵了，"是呀，我到底为谁活呀？"小洁开始重新审视自己的生活——为了让自己在别人心中有一个好形象，她把大量的时间、精力和金钱投入到服装、美容上，很快，小洁就发现自己买的很多东西，只是为了迎合别人，并不符合自己的审美情趣；原本打算用来买电脑的钱，小洁用它买了电动车。有时候查资料、发邮件，还得去网吧。因为不想做别人眼中的傻瓜，所以自己也和别人一样，在工作时间干私活，结果年终的时候，小洁因为业绩差，遭到了领导的批评。在与人相处的时候，小洁把察言观色的本领发挥到了极致，别人的一言一行，甚至一个不经意的眼神，都会影响到她的心情……

小洁仔细地将自己的生活梳理了一遍，大吃一惊，原来，她一直都生活在别人的眼里，为了维护自己在别人眼中的形象，她不断地迎合别人，每天在战战兢兢中度过。

朋友告诉她："你要想活得开心、快乐，就要为自己而活，做自己喜欢的事，穿自己喜欢的衣服，化自己喜欢的妆，读自己喜欢的书，想笑就开怀大笑，想哭就尽情地哭，何必为了别人的眼光而压抑自己呢？"

小洁点点头，恍然大悟。从那之后，她不再在意别人的言论，每天做自己喜欢的事情，每天都过得很开心。

一个人活着，应该是为自己而活，而不是为了迎合别人。很多时候，**我们之所以不快乐、不开心，是因为太在乎周围人的眼光，**为了成为别人眼里的好员工、好同事、好妻子、好丈夫……我们压抑了自己，拼命地讨好他人，却忘了我们活着不仅仅是为了他人。如果一个人太在乎别人的眼光，他就会变得畏首畏尾，就会形成没有主见的性格。太在乎别人眼光的人，容易丧失自我，失去个性。一个没有自我、没有个性的人是很难成就一番大事的。

与其把精力花在一味地献媚别人，无时无刻地顺从别人上，还不如把主要精力放在踏踏实实做人，兢兢业业做事，刻苦学习上。要知道，一个人只有自己活出最大的价值，别人才能看到你的精彩。

幸福锦囊

◆ 一个人若失去自我，就没有做人的尊严，不能获得别人的尊重。那些没有自我的人，总是会活得很累。

◆ 我们无法改变别人的看法，能改变的仅是我们自己。

◆ 想要讨好每个人是愚蠢的，也是没有必要的。

偶尔放松一下，别让自己活得太累

张弛有度是一种积极向上的人生态度。

——曼德拉

我们的人生就像是一次旅行，在这短短的人生之旅中，每个人都希望自己能够抓住每分每秒，成就一番事业。但是忙碌的生活常常让人们感到压力重重，日积月累，就导致心情郁闷、烦恼丛生。

曾经在杂志上看到一位专栏作家这样描述一个美国普通上班族的一天：

早上七点钟，闹铃响起，开始起床忙碌：洗漱、穿好职业装——有些是西装、裙装，另一些是大套服，医务人员是白大褂，建筑工人穿牛仔裤和法兰绒T恤，接下来狼吞虎咽吃完早餐（如果有时间的话），然后抓起水杯和工作包（或者餐盒等），跳进汽车，然后奔向公司。

一路上要忍受长时间的堵车，左突右冲，终于赶在九点钟前到达公司。接着就开始了一天的工作，从上午九点到下午五点，这期间，还要扛起额外增加的工作：如不断看表，思想上和内心的良知斗争，行动上却和老板保持一致。下午五点整，好不容易结束了一天的工作，立马收拾好东西，五点十分坐进车里，行驶在回家的高速公路上。

回家后，与家人吃完晚饭，然后看看电视，与家人待一会儿，或者忙点自己的事情。十点半，洗漱后上床睡觉。

这样日复一日，每天假装忙忙碌碌，拼命掩饰自己的错误，微笑着接受不现实的最后期限。当“重组”或“裁员”的斧子（或者直接炒鱿鱼）落在别人头上时，自己则长长地松了一口气。

其实，我们大多数的上班族也过着如上文那样机械无趣的生活，我们中的大多数人，和美国普通劳动者一样，每天都在大脑一片空白中忙碌着，置身于一件件做不完的琐事和想不到尽头的杂念中，体验不到生活的乐趣。这样的生活，每天都会很累、很辛苦。

生活中，常常有人感叹：活得真累。那些喊累的人大多是因为精神上的压力太大，心里的负担太重。如果一个人总是觉得心累，他就会陷入亚健康状态，精神不振。

其实，生活本身并不累，它只是按照自然规律、按照它本身的规律在运转。**觉得生活太累的人，都是因为自己错误的生活方式，才会让自己活得辛苦**。尽管生活压力重重，有时候甚至压得你喘不过气，但你仍然可选择更愉快的方式生活下去。

工作节奏太快，生活压力太大，争强好胜的心太强，生活太无规律……时间一长，人的精神和体力就会崩溃，本来年纪轻轻，但身体和心理却近乎老年，失去朝气和活力。

那么，如何才能让自己活得不那么累呢？下面有几种简单的方法，或许能使你的生活状况有所改变。

1. 在节假日的时候，把时间概念看得模糊一些，不用太在意时间；

2. 尽量做到不一心二用。比如，吃饭时间不看报纸、不读文件；

3. 说话时尽量放慢速度，渐渐地养成习惯。这样不但能消除精神紧

张，还能令你的言辞缜密；

4. 走路时不要风风火火，开车时不要跟人斗气，着急并不等于高效率；

5. 合理安排作息时间，做到劳逸结合。在学习和工作一段时间后，适时休息一段时间，使身心得到放松；

6. 闲暇的时候，多跟朋友、同事聊聊天，适度地宣泄一下积压在心中的不良情绪，有张有弛才不会感到“活得太累”；

7. 闲下来的时候，听听喜欢的音乐，翻阅几页好书，睡个懒觉。

要想活得舒心，就要学会知足，学会随遇而安，正可谓“得鱼固可喜，无鱼亦欣然”。做平凡人，做平常事，保持平静的心态，保持平衡的心理，如果我们能以这样的心态对待每一天，那么我们的每一天都会充满阳光，洋溢着希望。

幸福锦囊

◆ 生命只有一次，既然只能活一次，那就不要让自己活得太累，不要自己折磨自己。

◆ 要想活得轻松，就需要有一颗平常心，不以物喜，不以己悲。

◆ 累与不累总是相对的，要想活得放松，就要有张有弛。

人生不是演出，请摘下虚伪的面具

一个人成为他自己了，那就是达到了幸福的顶点。

——德西得乌·伊拉斯谟

人们常说：人生如戏。我们每个人都在其中扮演一定的角色，但是，不知道从什么时候开始，**我们开始在戏台上学会了伪装，将自己真实的情感隐藏起来，戴上了虚伪的面具。**人前人后表现得不一样，在不同的人面前戴着不同的面具。为了取悦、迎合别人，我们不断地变换着自己的角色，最终却迷失了自我，忘记了自我。我们自己也不快乐。

忙碌了一整天，下班回到家里，是婧涵最放松的时候。脱去正规的工作服，摘下虚伪的面具，洗净脸上的铅华，换上宽松的居家衣服，工作上的烦恼、郁闷、委屈此刻烟消云散。和家人在一起的时候，可以尽情地说笑嬉戏，根本不用顾忌什么。每当这个时候，婧涵才觉得是真正的自己。原来，幸福其实很简单，就是和家人一起吃饭、看电视。

相信很多人都有过跟婧涵一样的体验，每天回家后，卸去束缚，会觉得很放松，家里的自己才是真实的自己。

但是，在外面的时候，很多人还是习惯了戴着面具去演戏，知道怎样才能演的精彩。戴面具生活似乎变成了一种习惯——心里想说的话到了嘴上就变了腔调；心里想做的行动到了实际中却改变了方向；明明是很讨厌那个人，表面上却装得很欣赏；明明是对一个人有好感，却迫于现实的种种压力而选择逃避；有时候，面带微笑并不一定代表内心真正快乐……在不同的人之间游走，在不同的人面前变换自己的角色，唯独忘记了对自己要真实，要保持自我。

周末的时候，厌倦了都市嘈杂的生活，雪慧约了几个朋友去郊区游玩。正是暮春时节，到处都是欣欣向荣的景色。漫步在清凉的江畔，周围是碧草鲜花，面对着一望无际的田野，儿时的欢声笑语好像就在耳边。雪慧顿时觉得豁然开朗，心旷神怡。一群孩子们也在旁边嬉闹，他们欢呼雀跃，不时地拾起脚边的石片打起水漂，一圈圈由内到外的涟漪荡漾开来……直至消失。

雪慧看得很羡慕，小时候，自己也跟他们一样无忧无虑。雪慧也加入到了孩子们当中，跟他们打水漂玩。

雪慧一行人正玩得高兴，忽然看见不远处的水闸上面坐着一位农村打

扮的少妇，她目光呆滞，像一尊雕像。眼尖的朋友悄悄告诉雪慧："那个女人哭了。"雪慧仔细一看，那个女子在默默流泪，后来她从低低的抽泣发展到放声大哭，直到最后的声嘶力竭……

雪慧和朋友顿时有点不知所措，他们谁也没有上前劝阻，他们知道女子压抑太久的委屈需要肆无忌惮的释放，所以就只是远远地站在一旁，让她慢慢排解。

等到女子平静下来，雪慧和朋友好心地走到她身边，才知道她是附近村庄的农妇，因为跟丈夫闹了矛盾，所以来此发泄一下。对于雪慧对她的关心，她含着眼泪微微一笑："没事了，我还要去收拾庄稼，你们放心吧，一切都过去了。"

沿着江畔的小路，雪慧和朋友默默地走着，漫无目的。走了好久，朋友突然说："我很羡慕她，她委屈难过的时候想哭就哭，不去顾忌那么多。不像我们，每天都戴着虚伪的面具，我也好想像她那样，做一回真实的自己。"

朋友的一番话也是雪慧心中所想的，她已经太久没有尽情地抒发自己的情绪了，生活中，总是有这样那样的顾虑，让她不敢尽情地笑、痛快地哭。

人生只有短短的数十载，如果总是戴着面具，不愿意面对真实的自己，一定会生活得很痛苦。在人生这个舞台上，我们最应该做的是自己，只有做回真实的自己，我们才能开心、快乐。从现在开始，抛去那繁杂的面具，回归真实的自己吧，想哭就哭，想笑就笑。你会发现，做自己才是最快乐的。

幸福锦囊

◆ 摘下面具，做回真实的自己，没有欺骗，没有伪装。

◆ 定期清理自己的心灵，让自己的内心深处多一些真诚，少一些虚伪。

◆ 用一颗真实的心去面对世界，面对他人，面对自己。

◆ 人生毕竟不是一场演出，不能仅用戴着面具的表演来搪塞。

太在意外表，反而会成为负担

人真正的完美不在于他拥有什么，而在于他是什么。

——王尔德

外貌是一个人的名片，它决定了人们对你的第一印象。因此，人们往往会花很大的精力去追求美丽的外表，尤其是女性，更是重视自己的外貌。常言道：爱美之心人皆有之。追求美丽固然没有错，但是**如果太在意自己的外表，有时候反而会成为一种负担。**

一个人的外表并不能跟他所取得的成就画等号。有人曾经做过一项调查，结果发现有 80% 的女性不喜欢自己的长相，觉得自己不够漂亮。她们中有的嫌自己脸上有雀斑，有的嫌自己长得太胖，有的嫌自己长得不够高，有的觉得自己的鼻子不够挺，有的觉得自己的嘴巴太大，有的觉得自己的眼睛太小……

其实，我们每个人都有自己独特的美。

著名作家纪伯伦曾写过一篇名为《贪心的紫罗兰》的文章。一株小小的紫罗兰羡慕玫瑰花的高贵美丽，请求大自然也将自己变成一朵玫瑰花，

大自然满足了它的这一愿望。可是，在变成玫瑰花的那个傍晚，一场暴风雨袭击了花园，暴风雨摧毁了花园里的所有玫瑰，包括紫罗兰变成的那朵。就这样，那朵紫罗兰为了一时的光鲜付出了生命的代价。如果你是一朵紫罗兰，你愿意吗?

好莱坞著名的女歌星琳达是一个电车车长的女儿，她自幼酷爱唱歌和表演，因此，她梦想自己有一天能成为一名好莱坞明星。但是她外貌并不出众，嘴巴很大，而且还是龅牙，她十分自卑。当时她在一家夜总会里驻唱，每次唱歌的时候，她都努力想用上嘴唇来掩盖自己的龅牙。

有一天，琳达唱完之后，一名客人来到后台找她，他告诉琳达:“我最近看了你很多场表演，觉得你很有唱歌的天分，但我注意到，你一直在试图掩饰你的龅牙。琳达听完，顿时觉得无地自容。那个人又开口了:“其实长了龅牙并不是什么丢人的事情，以后别再想着去掩饰了。张开你的嘴巴，尽情地唱吧，要知道，观众喜欢的是你的歌声，并不是你的外貌。再说了，那些你想遮起来的牙齿，说不定还会带给你好运呢！”

琳达接受了这位男士的忠告，在后来，唱歌过程中，她不再刻意去掩饰自己难看的牙齿。后来，她成为电影界和广播界的一流歌星，而她曾经十分讨厌的龅牙，成为了她个人的标志，有些喜剧演员甚至开始模仿她。

这是一个典型的“丑小鸭”变成“白天鹅”的故事，也给我们一个深刻的启示：**外表并不像我们想象的那么重要，有时候，我们十分在意的缺点，别人或许根本就没有注意到。**

尽管如此，世间的许多人依然迷失于对容貌的无止境的追求中，有些人甚至会采取一些极端的手段。**外表并不是人生最重要的部分，它仅仅是人生的一种修饰，**过分执著于外表，让外表来支配你的喜怒哀乐，无异于买椟还珠。

一个人的能力和相貌之间是不能画等号的，道理人人都懂，但仍有很多人把外表看作生命的全部。外表漂亮的引以为傲，长得丑的甚至不惜牺牲健康去整容，这是十分愚蠢的做法。

正所谓天生我才必有用，每个人都有自身与众不同的气质和特点，正是这些独特之处，才构成了你的独特性。所以，别再因为你的相貌不尽如人意而妄自菲薄，切莫因为不及他人的外表而自艾自怜，这样只能使你一路遭遇囧途。只有自信快乐地做自己，展现真我，才能够拥有优雅而从容的人生。

幸福锦囊

◆ 每个人对美的标准是不一样的，千万不要用别人的标准来衡量自己，坦然地接受自己的长相吧！

◆ 环肥燕瘦，各有千秋。别花太多时间在自己的外貌上，好好珍惜它，就是好好珍惜自己。

◆ 不管外面的世界多么繁华喧嚣，不管别人的要求什么，始终要记住一点，仅靠外表是无法评价一个人的。

别太在意他人，安心做最好的自己

幸福永远是不会光顾那些不珍惜自己所有的人。

——佚名

生活中，如果你稍加留意，就会听到诸如此类的话：“我真羡慕小王，年纪轻轻就在一家外企做了经理，一个月的薪水抵得上我一年的工资。”“老高真是太幸运了，竟然娶到了市委书记的妹妹。”“我的儿子要是能有邻居小孩那样乖就好了……有人羡慕别人身在高位，有人羡慕别人生在一个富贵的家庭，有人羡慕别人的孩子懂事……羡慕什么的都有。

事实上，偶尔羡慕一下别人实属人之常情，但是，如果一味地拿别人

的长处和自己的短处比较，那么比较来比较去，你就会比较出一肚子的郁闷。

有一天，上帝突发奇想，他想看看世间的万物是否对自己的现状满意，于是就问众生："如果让你们再活一次，你们还会选择这样的活法吗？"

牛首先开口了："假如让我再活一次，我愿做一头猪。我吃的是草，挤的是奶，一天到晚还要干那些力气活，可是却从来没人给我一句鼓励的话，天天那么辛苦，有时候还要忍受皮鞭的痛苦。做猪多快活，吃了睡，睡了吃，肥头大耳，生活赛过神仙。"

猪说："假如让我再活一次，我要当一头牛。虽然每天吃得不如现在好，还要干那些力气活，但是名声好。我们在人眼里就是好吃懒做、傻瓜笨蛋的代名词，连骂人也都要说'蠢猪'，我们的下场都很惨。"

老鼠说："假如让我再活一次，我要做一只猫。从生到死都由主人供养，即使每天什么也不干，也有饭吃。不像我们，成天要东躲西藏，过着提心吊胆的生活，还经常饿肚子。"

猫说："假如让我再活一次，我要做一只老鼠。有一次我偷吃了主人的一条鱼，差点被主人打死，而老鼠却可以在厨房翻箱倒柜，大吃大喝，人们对它也无可奈何。"

老鹰："假如让我再活一次，我愿做一只鸡，有吃有喝的，有自己的住房，平时还受到主人的保护。哪像我们，一年到头总在外面漂泊，风吹雨淋，还要时刻提防冷枪暗箭，活得多累呀！"

鸡说："假如让我再活一次，我愿做一只老鹰，可以自由地翱翔天空，而且还可以任意捕兔捉鸡。而我们除了生蛋、司晨外，每天还得提心吊胆，一来怕被主人宰杀，二来担心被老鹰捕获，每天都惶惶不可终日。"

女人说："假如让我再活一次，我一定要做个男人，什么家务都不用做，下班回家只等着老婆把饭菜端上来就可以了，还可以经常出入酒吧、餐馆、舞厅。"

男人说："假如让我再活一次，我要做一个女人，即使是不学无术，

只要长得漂亮，一句嗲声嗲气的撒娇，一个朦胧的眼神，都能让那些正襟危坐的大款们神魂颠倒。根本就不用像现在这样拼命地在外面打拼，遭受别人的白眼，还得忍气吞声。”

……

还没等其他动物开口，上帝就哈哈大笑起来，说道：“看来你们都只看到别人的好，却忽略了自己的优点。既然如此，还是一切照旧，你们还是做自己吧！”

人们总喜欢羡慕别人，却忽略了自己所拥有的。很多人总是渴望获得那些本不属于自己的东西，而对自己拥有的却不加以珍惜。其实，我们每个个体之所以存在于世界上，自有它存在的意义；每一个人都拥有自己的优点和长处，也有自己的缺点和短处。因此，**安心做自己的人，才是智慧的人。**

如果总是把目光盯在别人身上，一味地羡慕他人，抱怨别人拥有的太多而自己所得的太少，就会在失去自己的同时，也失去做人的快乐。这是人生最大的悲哀。

所以，从现在开始，把你羡慕的眼光从别人身上收回来，努力做好自己，将自己的才能发挥到极致，这才是聪明人的做法。

幸福锦囊

◆ 只要你足够努力，踏踏实实地做好自己，你就会成为别人眼中羡慕的对象。

◆ 人生是一出戏，没有导演，也没有彩排，无论你担任的是怎样的角色，想要有一个完美的结局，就要演好自己。

第四章
你能放下多少，幸福就有多少

一个懂得放下的人，一定是一个幸福的人。因为，只有放下失恋带来的痛楚，放下对敌人的仇恨，放下心中的重负，放下对权力的角逐，放下对金钱的贪欲，放下对虚名的争夺……才能在人生道路轻松前行。

放下，是通往幸福人生的必由之路。

放下不满，活着已是莫大的幸福

生命在闪耀中现出绚烂，在平凡中现出真实。

——伯克

弘一法师走了，从此长亭外，古道边，一壶浊酒尽余欢，今宵别梦寒；古龙走了，小李飞刀不再，一杯浊酒相送，风雨江湖，徒洒万事秋风；海子走了，“从明天起，喂马，劈柴，周游世界”，面朝大海，春暖花开；三毛走了，撒哈拉再也无法承受生命之重，雨季从此不再来；陈晓旭走了，清魂一缕绝尘去，一任忧伤，一任风霜，把盏笑花殇……

每天，世界各地都在上演着生生死死的故事，无论是温婉女子还是性情中人，无论是赫赫名流还是无名小卒，无论是腰缠万贯还是一贫如洗，死亡永远都是人类难以逃避的字眼。有生就有死，而活着，就是生命的奇迹。即使我们还要面对繁琐的柴米油盐酱醋，即使我们还要为生计奔走劳累，但毕竟，我们还活着。**活着本身就是幸福。**

有一位年轻人，他厌倦了平淡的生活，生活中的一切都让他感到无聊和痛苦。为寻求刺激，他报名参加了一个挑战极限的活动。

活动的规则是：一个人在山洞里待五天五夜，山洞里没有任何光亮，每天只供应 5 千克的水，没有任何粮食。

第一天，这个年轻人觉得很有意思。

第二天，当饥饿向他袭来，周围漆黑一片，听不到任何声响，孤独、恐惧充斥在他的心头。于是，他开始怀念平时无忧无虑的生活了。他想起了乡下的老母亲曾不远千里地赶来，只为给他送一坛酸菜；他想起了终日相伴的妻子在寒夜里等候晚归的自己；他想起了儿子第一次喊爸爸时他激动不已的情形；他甚至想起了与他发生争执的同事在当天中午给自己买了一份工作餐……渐渐地，他后悔起平日里对生活的态度：懒散、冷漠、虚伪，敷衍了事……

也不知过了多久，他几乎要饿昏过去。可是一想到人世间的种种美好，一想到自己的父母、妻子和可爱的儿子，他就坚持了下来。他在饥饿、孤独、极大的恐惧中反思过去，向往未来。他责骂自己竟然忘记了母亲的生日，他遗憾妻子分娩之时未及时照料，他后悔听信流言与好友分道扬镳……这时，他才发现自己要弥补的事情太多，自己还有很多的遗憾。

可是，他不知道自己能否活着出去，不知道自己是否还能有机会去弥补那些遗憾，他忍不住泪流满面。就在这时，山洞门开了。阳光照射进来，白云就在眼前，淡淡的花香，悦耳的鸟鸣——他又迎来了一个美好的人间。

年轻人扶着石壁蹒跚着走出山洞，脸上浮现出了一丝难得的笑容。这五天的时间，面对孤独与绝望，他感受到了活着的重要，一切的抱怨，一切的不满，全都化为了浓浓的感恩，感恩父母，感恩亲朋，感恩，仅仅因为“活着”。这一段时间，他一直用心在说着一句话，那便是：活着，就是最大的幸福。

活着，就像我们每天呼吸的空气，虽然在不经意间，不易察觉，却不可或缺。然而很多人却沉溺于现实的困扰中，无法自拔。社会的种种不

公，让人觉得无可奈何；生活的困顿和苦楚，让人无法喘息；事业的停滞和挫折，让人锐气大锉……生活中烦恼、不满，就像浓稠的迷障，蒙蔽了人们的双眼，让人触摸不到生活的真切内涵。于是，**很多人心中充满了愤怒、怨恨，每天都过得闷闷不乐，而忘却了活着已经是莫大的幸福这一事实。**

生命自它诞生的那刻起，就在与死亡做搏斗。生与死，只有一线之隔，佛说：生死呼吸之间，一口气转不过来，即成来世。生命很顽强，也很脆弱，死亡有时很容易，仅仅就是几秒钟的事情，有时候天灾、人祸，会在瞬间带走一个个鲜活的生命。

当你明白了这些，便会觉得活着是一种幸福，便会觉得活着的每一分钟都是不容易的，活过的每一秒都是值得庆贺的。因为，**在生命之旅中，我们战胜了无数的天灾、人祸，才有平安、健康、幸福的生活。**生命是脆弱的，拥有活着的权利的我们无疑是最幸福的。

浮生若梦，世事无常。从死亡的身边经过以后，才知道活着是多么美好。常在心底里装满感恩和感激，你的人生便会写满快乐，写满幸福。

幸福锦囊

◆ 不管昨天怎样，也不管将来怎样，只要今天还健康地活着，快乐的活着，平安地活着，就是一种幸福。

◆ 当你心情烦躁时，不妨趁着夜色渐渐降临，或趁活泼的太阳在头顶炫耀，或趁细雨在微风中洒落，走着，听着，深深吸一口气，用心感受活着的意义。

◆ 不去感慨自己出身卑微的家庭，不去感慨为何自己的爱情如此的短暂，更不去感慨工作是多么的艰辛……那些卑微，那些短暂，那些艰辛，都吓不倒你——只因为你还健康、快乐的活着。

幸福在懂得放手的那一刻来临

幸福来源于我们自己。

——亚里士多德

从前，有一个名叫刘益良的人，他的父亲做官时得罪了同僚李皓，被李皓借机判了死刑。当时，刘益良年仅 18 岁，他把父亲草草下葬，然后将母亲安顿妥当，之后就改名换姓，用家财招募刺客，发誓复仇。但是几次行刺都没有成功，这期间，李皓反而青云直上，官职越来越高。

后来，刘益良想到一个计策，暗中在李皓的府邸下挖洞，他只能夜里挖，白天躲藏起来。干了一个多月后，终于把洞挖到了李皓的卧室下。这天晚上，刘益良从李皓的床底下冲了出来，不巧李皓上厕所去了，于是刘益良就杀了李皓的儿子和妻子，留下一封信便离去了。李皓回屋后大吃一惊，晚上也不敢安睡。

刘益良知道李皓已有准备，杀死他已不可能，就挖了李家的坟，取了李皓父亲的头拿到集市上去示众。李皓听说此事后，心如刀绞，心里又气又恨，但是又不能做什么，没过多久就郁郁而终。

李皓因一点个人私怨就将他人置于死地，结果不仅给自己招来杀身之祸，连老婆、孩子都跟着倒霉，甚至是死去的父亲也未能幸免于难。而刘益良从十八岁开始就谋划复仇，除此之外什么也没做成。可以说，这两个人都是不幸的。

人生在世，难免会受到伤害，如果每个受伤害的人都睚眦必报，这个世界会变得十分恐怕。伤害过你的人，你就用几倍的伤害给予他们重创。心理得以平衡之后，有一天你又被伤害，又开始报复。周而复始，你终日被报复充斥，成了报复的囚徒，苍白了信仰，空虚了精神，丢掉了理想，可惜了美德，得到的只是伤害。当我们恨我们的仇人时，就等于给了他们获胜的力量，而这种力量会让我们寝食难安、魂不守舍、心烦意乱，最终甚至引发疾病和死亡。这样看来，报复不仅让我们无法实现对别人的打

击，反倒成为对自己内心的一种摧残。紧抓住仇恨不放，幸福便将远离，世间有多少人能够明了，**幸福，其实就在懂得放手的那一刻了。**

有一位好莱坞的女演员，失恋后，怨恨和报复心使她的面孔变得僵硬而多皱，她去找一位有名的化妆师为她化妆。这位化妆师深知她的心理状态，中肯地告诉她："你如果不消除心中的怨和恨，我敢说全世界任何美容师都无法美化你的容貌。"

有人曾经说过："怀着爱心吃菜，也要比怀着怨恨吃牛肉好得多。"如果我们的仇人知道对他的怨恨使我们筋疲力竭，使我们紧张不安，使我们的外表和内心都受到伤害，甚至使我们折寿的时候，他们不是会拍手称快吗？如果我们这样，岂不是正中仇人的下怀吗？我们岂能让仇人控制我们的快乐、健康和外表？莎士比亚曾经说过："不要由于你的敌人而燃起一把怒火，让心中的烈焰烧伤自己。"所以，明智的人，都是懂得远离仇恨的人。

人如果能宽容一点，一笑泯千仇，不但能为自己免去毁灭性的灾难，还可以放下心灵的包袱，让自己变得轻松，而生活也能变得更加幸福和祥和。心胸开阔的人，对待任何事情都能"拿得起，放得下"。心胸狭隘的人，却难以做到这一点。

波斯人有这样的谚语："宽和能克制暴躁，友爱能克制孤僻。温暖的手能用头发牵着大象走。你得用仁爱去面对仇敌，因为破坏和平是有罪的。"佛经云，"若有人因无知的恨而害我，我将用无私的爱来度他"。中国有一句成语："以德报怨。"所谓"爱生爱、恨生恨"就是这个道理。能够压下心里的怨气，实际上既成就了别人也解救了自己。

幸福的奥妙看似难以参透，幸福的本质，却又是何等的清晰与单纯。放下内心所有的愁怨与不满，潇洒地转身，你便能望见幸福。

幸福锦囊

◆ 放下心里的每一个包袱，放下每一个不安，让灵魂在纷繁的红尘中得到宁静的休憩，就是人生的幸福。

◆ 幸福是潜藏在我们每一个人心灵深处的精灵，只要轻轻一触，即可感知幸福。

◆ 幸福的真意不是“获得”，而是“放下”。

幸福在于失意时的忘却

坏记性是变得幸福的一大法宝。

——丽塔·梅·布朗

一次同学聚会，聊到了情感话题，有人这样问：“当爱情远去，回忆的时候，是甜蜜多一点，还是痛苦多一点？”大多数人的回答是“痛苦多一点”，而有一个人却说：“分手了，我记得最多的还是甜蜜，因为我忘记了那些痛苦，留在记忆里最多的还是那份美好的爱情。”

面对这个问题，你会如何回答呢？可能大多数人的选择都是痛苦多一些，因为人们觉得既然失去了，当然是痛苦大于幸福。想起分手时刻的那些伤害，想起痛苦时的泪水都会让人心中隐隐作痛。如果你也有这样的想法，那么很遗憾地告诉你，你的想法可能是错误的。很多时候，**我们伤心痛苦，是因为我们无法忘记**。我们总是无法忘记那些伤痛和失意，那些记忆犹如明镜一般被我们悬挂起来，每天都在看，每时都在想，这样我们又怎能快乐呢？所以，**在失意的时候，人应当学会忘记，忘记那些不快，才能够真正的快乐。**

生于尘世，难免会经历凄风苦雨，**面对艰难困苦，想开了就是天堂，想不开就是地狱。而忘记就是一剂良药，弥合你的伤口，使你怀着新的希望上路。**

一个人，如果总是沉溺于失意时的伤痛不能自拔，这样的人无疑会生活得辛苦，更不可能有幸福可言。

生活中，我们经常会遇到不顺心的事，时常有烦恼，要做到时时顺心，就要做到放得下，不愉快的事就让它过去，不要放在心上。

其实，上天赐给了我们很多宝贵的礼物，其中之一即是“忘记”。只是在现实中，我们总是强调“记住”的好处，忽略了“忘记”的必要性。

失恋了，心情肯定难受，但是不能一直溺陷在忧郁与消沉的情绪里，必须尽快遗忘；炒股失败，损失了不少金钱，心情肯定十分灰暗，此时，也只有尝试着遗忘；期待已久的职位升迁，人事令发布后竟然不是你！情绪之低潮可想而知，此刻，唯有遗忘，才会让自己以后的生活不那么难过。

虽然，我们每个人的人生际遇不尽相同，窗外有阳光也有阴霾，就看你能不能磨砺一颗坚强的心、一双智慧的眼，透过岁月的尘寻觅到辉煌灿烂的星辰。如果你永远忘不掉曾经的荆棘，那么也将永远畏惧前行。

很多人在失意的时候开始抱怨，甚至学会了沉沦。**如果一个人忘不掉别人给予的伤痛，无疑是在拿别人的错误来惩罚自己。**就如失恋，你之所以失恋，不是因为你不够优秀，也不是因为你倒霉，而是你在错误的时间遇到了不适合的人，既然两个人在一起不合适，那分开就是很正常的。如果你在失恋后开始沉沦，那么从沉沦的那一刻起，你的记忆里就会装满伤痛，这样一来，又怎能迎接新的恋情呢？所以，一个塞满了旧的回忆的大脑，永远无法让新鲜的东西容进来。我们要做的，唯有忘记。

生活中，有很多的无奈要我们去面对，有很多的道路需要去选择。忘记一些原本不应该属于自己的内容，才能把握和珍惜真正属于自己的！忘记烦琐，为大脑减负，忘记怅惘，为了轻快地歌唱；忘记凄美，为了轻柔地梦想。忘记，是一种伤感，但更是一种美丽。

幸福锦囊

◆ 在失意的时候，应当学会忘记，忘记那些不快，忘记那些疼痛，这样，我们才能幸福，才能开始新的生活。

◆ 幸福不是得到的多，而是计较得少。

◆ 幸福是一种能力，要想生活得幸福，就要学会忘记，忘记曾经的伤害，忘记曾经的苦痛。

学会放下，幸福需要自己成全

对于大多数人来说，他们认定自己有多幸福，就有多幸福。

——林肯

月末，老板把晓晓叫到办公室，递给她一个厚厚的红包，并且告诉她，因为这段时间她的工作成绩突出，公司决定专门给她奖励。晓晓离开时，老板再三叮嘱，不要将这件事情告诉别人。晓晓拿着沉甸甸的红包，一种成就感和幸福感油然而生。为此她开心了好几天。

但是不久之后，晓晓便发现，老板还给其他人发了红包，而且有人的红包比自己的还大。得知这一情况，晓晓怅然若失，拿到红包的幸福感还来不及回味，便很快陷入一种失落和痛苦中。

你的生活中是否也发生过类似的事情？年底的时候，老板发给你 2 万的年终奖，你兴奋地打电话给好朋友，可是在聊天的过程中，你却发现，好朋友的年终奖竟然有 10 万。听到消息的时候，你突然觉得很沮丧。原本拿到年终奖是一件幸福的事情，但是一比较，你的幸福指数直线下降。其实，**一个人幸福与否，不仅取决于个体获得的满足感，还取决于他和他人的比较**。通过比较，既得的满足感和初始的欲望就会发生变化。假如你

初始的欲望是想买一个小二居，当你拿到房子钥匙的时候，应该感到很幸福。但如果你发现同事在最繁华的商业区买了一个大三居，于是，刚刚涌起的幸福感便随之消失。很多时候，人们不幸福的根源，来源于和他人的比较，当发现他人拥有的超过自己的时候，幸福感就会降低，甚至消失。

如今，虽然我们的生活越来越富裕，但是幸福指数却越来越低，其中一个原因就是，人们喜欢拿自己与那些物质条件更好的人做比较，越比较越觉得自己不幸福。在手机发明之前，人们不用手机照样可以生活得很快乐，但现在如果没有手机，你和别人的沟通就会受限，所以没有手机的人就想拥有一部自己的手机。在过去，没有车照样可以出行，但现在，很多人削尖了脑袋想买一辆属于自己的车……社会在不断发展，人们的欲念也不断地膨胀，因此很多人内心充满了焦虑。有人曾这样调侃：现在一般家庭都用上抽水马桶了，而无人匹敌的古罗马帝国国王当时只能蹲石板砌成的茅坑。

如今尽管人们的生活水平越来越高，但是幸福感却越来越低。对此，我们不禁要思忖：幸福到底是什么？或许，**幸福不是丰饶的财富，不是便捷安逸的生活，不是物质上的丰足，而仅仅是，内心的安适和满足。**

曾在报纸上看到过这样一段："如果你想幸福，只要做一件十分简单的事情就可以了，那就是与那些不如你的，比你更穷、房子更小、车子更破的人相比。"但是，现实生活中有几个人会这样去做呢？很多人在做着相反的事情，他们老在与比他们强的人比，这样一来，人们就会产生很大的挫折感，觉得自己不幸福。有人曾经在网上做过一项调查，当人们被问到你是愿意自己挣 11 万元，其他人挣 20 万元，还是愿意自己挣 10 万元而别人只挣 8.5 万元呢？大部分的人选择了后者，他们怕别人超过他，宁愿自己少挣，也不愿意别人多挣。

生活中很多人常以"比上不足，比下有余"而自慰。比上，我们会感到痛苦；比下，我们会感到幸福。而我们下面的人，则会因为和我们比较而痛苦。从这个意义上来说，一个人的幸福，是建立在他人的痛苦之上；

而一个人的痛苦，则屈居于他人的幸福之下。这是一种多么荒诞的逻辑，但在现实中却真实存在。

从古到今，很多人都探讨过幸福的真谛，描绘过幸福的奇幻绚丽，但是，仍旧有大部分的人生活得不幸福。**如果幸福的本质是“比较”，那么人类该有多么可悲。**“不以物喜，不以己悲”的道理人人都懂，然而真正能到达这个境界的人却少之又少。我们总是放不下对利益的追逐，放不下对欲望的渴求，通过比较，我们或者沾沾自喜，或者自惭形秽，殊不知，从你比较的那一刻开始，幸福就已经离你远去。真正的幸福需要我们自己来成全，只有学会放下那些世俗的名利偏见，放下对物欲的执著，我们才能寻找到真正的幸福。

幸福锦囊

◆ 放下内心贪婪的欲念，幸福便会从天而降。

◆ 放下名利、爱情、金钱，你才能从生活的桎梏中解脱出来，才能真正地懂得生活，才能体会到真正的幸福。

◆ 幸福其实离我们不远，伸出手，你就能抓住它。

我们都有幸福的时刻，只是常常熟视无睹

生活是现在时态，重要的是处理好手头上的事，而不是后悔过去、担心未来。

——高尔基

在生活中，每个人对幸福的诠释各不相同。许多时候，人往往对自己的幸福熟视无睹，对别人的幸福却印象深刻。

在一个山村里，有一对老夫妻生育了两个女儿。两个女儿都长得很漂亮，后来，大女儿由父母做主，嫁给了同村一个忠厚老实的男人，二女儿自由恋爱，找了一个自己喜欢的男人。婚后，姐俩各自过着自己的小日子。姐姐的生活虽然忙忙碌碌，忙碌中却充满着幸福与快乐。但是时间久了，激情没了，就剩下琐碎的油盐酱醋茶，姐姐心里开始嘀咕：这日子太平淡无味了，还是妹妹好，丈夫是自己找的，小两口每天成双成对，闲暇的时候还会出去游玩。她在心里暗暗发誓，以后自己的女儿结婚，对象一定要让她自己去找，自己绝不干涉。

可是，妹妹的日子是否真的如姐姐想象的那般好呢？答案是否定的。刚结婚的时候，妹妹的确跟丈夫很恩爱，但是，激情过后，生活归于平淡，两人开始有了争吵，虽然吵得并不是很厉害，但这也影响了夫妻二人的感情。妹妹开始羡慕起姐姐来，虽然姐姐跟姐夫是父母做主结婚的，但姐夫脾气好，即使姐姐发脾气，他也会让着姐姐，两个人根本就吵不起架来。妹妹心想，姐姐的日子过得真舒服，我以后要是有了女儿，我一定要帮她找一个忠厚老实的男人，踏踏实实的过日子。

这姐俩，眼里看到的都是对方的好，都觉得对方的生活才是幸福的。其实，生活中，很多人都像这姐俩一样，都认为别人的生活是幸福的，实际上，**在别人眼里，自己也是被羡慕的那个人。**

尽管很多人都没有感觉到自己的幸福，但幸福确实实实在在地存在着。

从前，有一个国王，他总觉得自己生活得不幸福，于是就向大臣们请教，如何才能成为一个幸福的人。有人告诉他，找到一个生活幸福的人，然后将他的衬衫带回来。国王听后，派自己最得力的大臣四处寻找自认为幸福的人。

三个月的时间过去了，大臣还是没有找到一个幸福的人。每遇到一个人，大臣都会问他：“你幸福吗？”人们的回答总是——不幸福。而不幸福的理由多种多样：“我没钱，我没亲人，我得不到爱情……”就在大臣不再抱任何希望，打算回去向国王请罪的时候，对面的山冈上，传来了悠扬的歌声，歌声充满了快乐。大臣循着歌声走了过去，只见一个乞丐躺在山坡上，沐浴在金色的暖阳下。

“你感到幸福吗？”大臣问那个乞丐。

“是啊，我感到很幸福。”乞丐回答说。

“你的所有愿望都能实现？你从不为明天发愁吗？”

“是的，你看，现在阳光温暖极了，风儿和煦极了，我肚子又不饿，口又不渴，天是这么蓝，地是这么阔，我躺在这里，除了你，没有人来打搅我，我有什么不幸福的呢？”

“你真是个幸福的人，请你把自己的衬衫送给我们的国王，他会重赏你的。”

“衬衫是什么东西？我从来没见过。”乞丐的回答令大臣错愕，一个幸福的人竟然是一个连衬衫也没有的人。

生活中，**很多人都有这样的一种错觉：幸福总围绕在别人身边，烦恼总纠缠在自己心里。**学习不好的学生以为考了高分就是幸福的，贫穷的人以为有了钱就是幸福，身患重病的人以为身体健康就是幸福……那么，那些考试得高分的人、有钱人、身体健康的人，是不是就是幸福的呢？如果你去问他们，他们的回答可能也不是你预想的那个。

卞之琳在《断章》中说——

你站在桥上看风景
看风景的人在楼上看你
明月装饰了你的窗子
你装饰了别人的梦

我们每个人都是幸福的。只是，你的幸福，往往在别人眼里。

幸福锦囊

◆ 幸福无处不在，无时不有。它不会因你富有而慷慨，也不会因你贫穷而吝啬，只要你用心体会，你就能时时处处感受到幸福。

◆ 幸福没有贵贱之分，也没有固定的标准，它是真实而自然地流露。

◆ 要想知道一个人是否幸福，就去观察他的脸，因为幸福常会写在脸上；要想知道自己是否幸福，那就用你的心灵去感受。

幸福不是他人给的，它掌握在自己手中

要在自身找到幸福是不容易的，要在别的地方找到幸福是不可能的。

——里普利厄

我们每个人都希望拥有快乐、幸福的生活，都希望远离不开心、沮丧的事情。但事实上，很多事情都无法由我们控制，我们的一生都要受制于周围的状况和环境，我们所能控制的只有自己的心态。

有的人遇到不好的事情时就会心情低落，郁郁寡欢，遇到好的事情又洋洋得意，忘乎所以。拥有这种心态的人，都是在盼望好事发生的期待中过日子。如果没有好事发生，就会认为自己是个不幸的人。

小光出差回来，坐飞机回到北京已是晚上十二点，在冰天雪地中终于等到出租车，小光把包往车里一扔就钻了进去。这时，司机师傅很紧张地问他："到哪儿？"

小光说了目的地。

司机师傅，说："还行，昨天半夜排了半天的队终于拉到一个客人，

一问，竟然就住在附近，真郁闷！”

小光问师傅：“如果我家住在通州，那你会不会很开心？”

师傅笑了：“那当然啦。”

这个司机师傅的情绪被乘客所左右，就好比他身上装有两个按钮，一个写着“开心”，另一个写着“不开心”。遇到一个距离远的乘客，他就会按下那个“开心”按钮，心情处于开心状态；遇到一个距离近的乘客，他就会按下“不开心”的按钮，心情处于郁闷状态。

如果你是司机师傅，你身上会有什么按钮？别人对你做出些什么，会按到你身上的不开心按钮？

生活中，我们随时都可能遇到不如意的事情，碰到不可理喻的人，这个时候，你会有什么样的反应？你是否会像司机师傅似的，由别人来掌控你的情绪呢？

有很多人将自己幸福的决定权交给了别人，这种人总是习惯把痛苦和快乐建立在外界的基础之上，外界的变化决定着他们的情绪。实际上，人生的幸福，要靠自己去把握，千万不要指望别人。即使别人能给你幸福，那也只是暂时的，只有自己拥有了获得幸福的能力，才算是真正获得了幸福。

幸福是一种自我感觉，每个人的幸福感都是由自己创造的。那么，怎样才能使自己的幸福感多一点呢？关键还是要调整好自己的心态。

如果你是一位母亲，请不要对孩子说，妈妈会给你幸福；如果你是一位被人追求的女子，请不要相信“跟我在一起，我会给你幸福”这样的“谎言”……因为幸福并不能与财富、地位、声望和婚姻这些因素画上等号，它只是你内心深处的一种感觉，谁也给不了你。

不论什么时候，都要记住：**幸福永远掌握在自己手中，只有自己营造的幸福才会有长久的愉悦感**。一个人一旦拥有了获取幸福的能力，他就能时刻生活在幸福当中，即使一无所有，也会很幸福。

幸福锦囊

◆ 幸福只是一种内在心灵的感觉，在某一刹那，心中的某一根隐秘的弦，忽然被牵动，泛出丝丝甜美的满足感，那便是幸福。

◆ 幸福不是生长在崇山峻岭之顶的仙草奇花，它如同那些生长在我们身边的不知名的小花小草，只要你张开手臂，便能将它拥入怀中。

◆ 幸福就是要用心去生活，而不是做一个生活的旁观者。

第五章
愈放下愈快乐

生命历程就如同河流一样，想要跨越生命中的障碍，达到某种程度的突破，必须学会放下。放下是一种快乐，只要你心无牵挂，什么都看得开、放得下，快乐就会时刻围绕在你的身边。

忧郁不是病，而是失去了快乐的能力

如果你手上扎了一根刺，你应当高兴才对，它幸亏不是扎在眼睛里。

——契诃夫

关于快乐有许多至理名言——“世界上没有比快乐更能使人美丽的化妆品”，“快乐是解开人类之谜的万能钥匙”，“快乐的笑容是屋子里的阳光”……

人人都知道快乐的好处，快乐是每个人都向往的，没有人会拒绝享受快乐的人生，但是，有调查显示，如今人们的快乐指数越来越低。这是为什么呢？

归根结底，是因为人们失去了快乐的能力。很多人之所以忧郁、烦恼，就是因为他们无法再感受快乐。其实，**快乐不一定要刻意去寻找，但快乐必须是你自己能体会到的，这跟年龄、物质无关。**它或许灿烂的春

光，明媚的阳光，一篇美文，一杯香茗，一个舒适安静的环境，抑或是孩子天真灿烂的笑脸，只要能让你感到快乐，那就是你的幸福。

那些缺乏快乐能力的人，总是生活在“暗无天日”的世间，他们整天怨天尤人，郁郁寡欢，快乐渐渐就会离他们越来越远。那些快乐能力强的人，总是沐浴在“阳光普照”的日子里，整天嘻嘻哈哈，乐观向上，即使生活中充满了坎坷、挫折，他们也能笑着应对，快快乐乐地度过一生。

看起来，快乐的表象大体都是相同的，但是，快乐的原因却千差万别。同样的一件事情，在不同的人身上，会有不同的结果，可能喜，可能怒，可能哀，可能乐。比如：辛辛苦苦忙碌了一年，年底的时候，结余了5万元，对于身价千万的老板来说，可能会感到很凄惨；对于工薪阶层的人来说，可能会觉得快乐；对于终日劳动的老农来说，则会大喜过望。因此，**快乐与物质条件并不是正向的关联关系，快乐并没有统一标准。**

一直以来，我们都在摔打中成长，在挫折中生存。生活中，很多始料不及的事会给我们迎头痛击。现实的磨砺，使很多人丧失了快乐。理想与现实的巨大落差，令很多人无意轻松，无心快乐。

其实，我们大可不必活得那么累，那么沉重。**快乐是做人的根本，没有快乐，就无法谈生活质量，没有快乐，也就不会有健康的人生。**

常常听到有人从领导位子上下来之后，郁郁寡欢；有人经商失败后难以接受，跳楼自杀；有明星人前尽展欢歌笑语，背后却割腕自尽……这些人都缺少快乐的能力，他们都太在意功名利禄。

如果你真正明了人生尽管沟壑重重，坎坷不平，但仍然乐观豁达，笑对人生，那你便具备了快乐的能力，也拥有了快乐的人生。

那么我们应该如何才能具备这种能力呢？

首先要有乐观的心态，对任何事情都要有积极乐观的态度，态度决定了选择，选择决定了结果。

其次，快乐是可以相互感染的，所以，生活中，要多和那些乐观、快乐的人相处，时间久了，你也会被他们感染，从而快乐起来。

再次，要主动降低自己快乐的标准，不要和自己过不去。一个人之所以快乐，并不是他拥有的多，而是因为他计较的少。

最后，学会用微笑置换烦恼，笑看天下事，笑对天下人。遇到烦恼的时候，不妨微笑面对，笑着笑着就快乐起来了。

看到这里，请你暂停一下，问问自己：我拥有快乐的能力吗？现在的我快乐吗？

如果你拥有快乐的能力，那你就会在顺境时感受成功的快乐，逆境时感受奋发的快乐；与好友相逢时享受欢聚的快乐，孤单时享受孤独的快乐；与相爱的人相恋时分享爱情的快乐，即使分手，你也会潇洒地去祝福对方……

人生苦短，愿我们都拥有快乐的能力和快乐的人生。

幸福锦囊

◆ 无论什么时候，心中一定要有感受快乐的能力，只有这样，我们才能生活得快乐幸福。

◆ 快乐需要发现的角度和淡定的情怀，不论何时，都不要丢失自己。

◆ 放弃忧郁，放弃消极，放弃所有不快乐的心思，快乐就会来到你的身边。

快乐不在别处，它在每个人的心里

看得破的人，处处都是生机。看不破的人，处处都是困境。

——星云大师

很久以前，有个人因为常常闷闷不乐，所以一年四季都在寻找快乐。

他到处问别人："请问，到哪里才能找到快乐？"被问的人总是摇头说不知道，他越找不到快乐就越不开心。

于是，他下定决心，不找到快乐绝不罢休。他收拾了行李远离家乡，到了人烟稀少的深山、海边去寻觅，但依然找不到，最后，他决定放弃了。他告诉自己："算了，我为什么一定要找到快乐呢？只要我好好做事，好好生活，没有快乐又能怎样？找不到也不是世界末日，我还是回去过我的日子吧！"他对自己说了这一番话后，便兴高采烈地回家了。一路上，他哼着歌、吹着口哨，这时候他惊讶地发现自己不自觉间竟然快乐了起来。

其实，**快乐不在别处，它就在我们的心里**。只是很多人没有意识到这一点，盲目地四处寻找，忘了到自己的心里去看一看。

阿伯拉罕·林肯说："只要心里想快乐，绝大部分人都能如愿以偿。"的确如此，**快乐来自于一个人的内心，而不是存在于外在**。快乐是人类特有的一种心理感受，一个精神充实、对生活充满信心的人，必定是一个心理健康的人。

每个人心中都有一把"快乐的钥匙"，一个成熟的人应该把握好这把钥匙。他不期待别人使他快乐，反而能将快乐与幸福带给他人。但是现代人总觉得自己不快乐，这究竟是什么原因呢？这是因为他们把快乐的钥匙交给了别人。

一位女士向好朋友抱怨道："我活得不快乐，因为先生常出差，我总是独自在家。"她把快乐的钥匙放到了先生手里。

一位妈妈向邻居抱怨说："我的孩子不听话，总是惹我生气！"她把快乐的钥匙放到了孩子手中。

一位公司职员抱怨说："上司不赏识我，每天上班对我来说就像是在坐牢。"她把钥匙又被塞在了老板手里。

婆婆说："我的儿媳妇不孝顺，儿子也跟着媳妇一起孤立我，我真命苦啊！"

一位姑娘从商场走出来："那家店的服务态度可真差，气死我了，以后再也不去他们那里了！”

……

上面的这些人都有个共同的特征，那就是——他们把快乐的钥匙放到了别人的手里，让别人掌控着他们的心情。

事实上，当我们容许别人掌控我们的情绪时，我们便会觉得自己是个受害者，是别人导致了我们目前的状况，是别人让我们不快乐。于是，抱怨与愤怒成为我们唯一的选择。

其实，这是一种不成熟的表现。一个成熟的人能够掌握住自己快乐的钥匙，他不必期待别人使他快乐，反而能将快乐与幸福带给别人。他情绪稳定，能为自己负责，和他在一起是种享受，而不是压力。

生活中有着许许多多美好的事物，关键在于我们能不能发现。要发现它，关键在自己。

上帝把一捧快乐的种子交给幸福之神，让她到人间去撒播。

临行前，上帝仍不放心地问：“你准备把它们撒在什么地方呢？”

幸福之神胸有成竹地说：“我已经想好了，我准备把这些种子放在最深的海底，让那些寻找快乐的人，经过惊涛骇浪的考验后，找到它。”

上帝听了，微笑着摇了摇头。

幸福之神思考了一会儿，继续说：“那我就把它们藏在高山之上吧，让寻找快乐的人，经过艰难跋涉之后发现它的存在。”

上帝听了之后，还是摇了摇头。

幸福之神茫然无措了。

上帝意味深长地说：“你选择的这两个地方都不难找到，你应该把快乐的种子撒在每个人的心底。因为，人类最难到达的地方，就是他们自己的心灵。”

世上没有绝对幸福的人，只有不肯快乐的心，顺其自然地享受快乐每个人都能做到，快乐在自己的心里，只要我们愿意，就能快乐起来。

你找到上帝在你心中种下的快乐种子了吗？没有找到就赶快出发吧！

幸福锦囊

◆ 心是快乐的根，只要内心快乐，便能生出更多的快乐。

◆ 快乐就在我们心里。当你跋山涉水寻找时，别忘了到自己的心里看一下。

◆ 学会珍惜，学会知足，也就发现了快乐的真谛。

把无谓的痛苦扔掉，快乐就有了更大的空间

如果我们觉得不幸，可能会永远不幸。

——肖伯纳

一位老妇人，十五岁的时候父亲因病去世，她和母亲相依为命。她十九岁时便嫁了人，生了四个孩子。可她二十九岁那年，丈夫却去世了，她唯有把全部希望倾注在孩子们身上，但在之后的二十年里，她的四个孩子也一一死去。在她五十岁的时候，她的母亲也去世了，她在世界上一个亲人也没有了。但她现在还活着，她已经九十四岁了，拥有四家零售店，身体硬朗，每天还到邻居家玩两个小时的纸牌。

后来，一个年轻人从别人那里听说了老妇人的故事，就特地去拜访她。

年轻人刚到老人的家门口，就远远地听到了屋子里有许多人在说笑。得知年轻人的来意后，老妇人紧紧地握了握他的手，热情地邀请他进来。穿越客厅时，年轻人见到几个老太太在兴高采烈地跳舞。老妇人带着他来到客厅旁一间优雅的小房间，老妇人顺手关上门，客厅里的喧闹声便被关在门外了。

老妇人坐进棕色的圆形沙发上，开始向年轻人讲自己的经历。她语调平和，好像是在讲别人的故事。她向年轻人讲自己的父亲、丈夫和孩子，讲她如何艰难地经营小零售店，以及如何在四十年内开出四家颇具规模的连锁店，讲她如何幸福地度过每一天。在讲述过程中，老人的脸上始终挂着阳光般的笑容。

年轻人静静地听着，不知不觉间两个小时过去了。

当老妇人讲完她的经历后，年轻人提出了心中的疑问："面对这样的人生境遇，您还能如此乐观，请问有什么秘诀吗？"

"秘诀？"老妇人发出爽朗的笑声，摇了摇头，说："如果有的话，那就是我知道一个人内心的容量是有限的，当你把痛苦、烦恼、苦闷一股脑儿地塞进去，快乐就没有空间了。"

接着，老妇人又讲了下面一个小故事：

一个十三岁的小女孩，有一次因为期中考试没考好而闷闷不乐，她的母亲用尽方法都不能使她快乐起来，小女孩也一天一天地瘦下去了。

直到有一天，她的父亲出差回来，带给她一个精致的礼品盒，里面有很多礼品，父亲告诉她：人的心就像这个礼品盒，如果把烦恼、痛苦都装进去，人就会生活得很痛苦。如果把烦恼、痛苦从里面拿出来，把快乐放进去，就会生活得很快乐。女孩恍然大悟。

两年后，小女孩的父亲因病去世，她又陷入了痛苦之中。一天清晨，她整理房间的时候，看到了那个礼品盒，突然想起了父亲的那番话，她在一霎那间意识到：与其让痛苦、烦恼充斥着自己的人生，不如选择快乐地生活。

"那个小女孩就是我，"老妇人的脸上泛着红光，她继续说："一个人的内心如果充满烦恼、痛苦，那就没有了快乐的藏身处，要想快乐，就应该把痛苦、烦恼丢掉，这样快乐才会有更大的空间。"

我们的内心容量有限，当快乐占据主导，痛苦就会减少；当内心装满痛苦，快乐就容纳不下。现在，请静下心来想一想，你的内心，是被快乐占据？还是被痛苦占据？

那些天天都在四处找快乐的人之所以不快乐，就是因为他们把大部分精力都花在了体验痛苦上，所以失去了体验快乐的能力。他们的内心早被痛苦占据了，尽管他们四处诉说自己如何的不幸，自己是怎样的付出而别人又是如何对自己不公平……但是痛苦并不会因此从内心深处走开，相反的，过多的纠缠这些反而会令自己更加不快乐。

快乐是需要体验和寻找的，我们寻找的是快乐，而不是寻找不快乐的原因。

与其体验痛苦，何不尝试着享受快乐呢？要知道，痛苦消耗的能量要比快乐大的多，你有能力让自己痛苦也一定有能力使自己快乐起来。所以，请收起你的抱怨，好好的关爱自己吧。每天给自己找一些快乐和幸福的理由，让快乐占据着你的心房，时间久了，你的内心就会被幸福占得满满的，痛苦和烦恼也就没有了栖身之所，那时候，你就会发现，自己的生活会越来越精彩。

幸福锦囊

◆ 从外观上让你自己充满阳光和活力，可以增加快乐的体验。

◆ 和身边快乐的人待在一起，谈论快乐的事。

◆ 别一股儿脑地将所有的痛苦塞进自己的内心，太多的痛苦会把心灵挤压得支离破碎。

◆ 当快乐占据心灵的时候，痛苦也就没有了藏身之处。

◆ 面对苦痛，只要你认为它并不是什么大不了的事，它也就不能再伤害你了。

无视快乐，是你总不快乐的原因

所谓内心的快乐，是一个人过着健全的、正常的、和谐的生活所感到的快乐。

——罗曼·罗兰

卓希手里拿着刚买的一支牛奶冰激凌，很开心地边走边吃，忽然一个趔趄，整支冰激凌掉在了地上，渐渐地融化了。

卓希愣愣地待在那里，一句话也说不出来，他很懊恼，自己怎么就没有拿好呢。

这一幕，被不远处的一位老人看到了，他走了过来，对卓希说："孩子，你现在一定很懊恼吧，这样吧，你脱下鞋子，我给你看一件有意思的事情！"

卓希照做了，然后，老人告诉他说："用脚踩冰激凌，重重地踩，看冰激凌从你脚趾缝隙冒出来。"卓希照着他的话去踩了。脚踩在冰激凌上面，那种冰冰凉凉的感觉，是卓希从来没有体验过的。

看着卓希踩得很兴奋，老人高兴地笑了："我敢打赌，这里没有一个孩子尝过脚踩冰激凌的滋味！现在跑回家去，把这有趣的经验告诉你妈妈。"

接着，老人又说："要记住，不管遭遇什么，你都可以在其中找到乐趣！"

这件事情使卓希深受启发，他很快学会了这种处世方法。

不久后的一个午后，一场大雨在地面上形成一洼洼的小水坑。卓希和妈妈小心翼翼地在人行道上走着，尽量避开那些积水。不料，一辆计程车从身边疾驶而过，两人的身上顿时布满了泥点。

卓希的母亲很生气，旁边的卓希却兴奋地对妈妈说："遇水则发，我们要发了。"

正在生气的母亲听到卓希的话，也不禁莞尔一笑，两人快快乐乐地踩着积水回家了。

人活在世上，总该有千千万万个快乐的理由，就像故事中的那个老人所说**“不论遭遇什么，我们都应该从中找到快乐。”**可遗憾的是，现实生活中，很多人都忽略了快乐的理由。

有一位中年人向智者抱怨，他说自己的生活就像一潭死水，生命充满了希望，没有什么能够让他快乐的。

智者问他：“你的爱人使你不快乐吗？”

“如今早已没有了热恋时的激情，那张我看了十多年的脸早已让我疲倦，当初的温柔如今也只剩下唠叨，婚姻就像杯白开水一样乏味。”

“那你的孩子呢？难道他不可爱吗？”

“我的孩子各方面都很平庸，没有什么地方值得骄傲。”

“那你不喜欢自己的工作吗？”

“工作？别提了，简直糟透了。现在工作对我来说不过是谋生的手段而已，我早就没有了工作的激情，每天上班时就盼望着下班。”

听完中年人的话，智者笑了，对中年人说：“那你去流浪吧，丢下工作，放下爱人和孩子，独自去流浪吧。”

听完智者的话，中年人转身走了。

两年后，一脸沧桑的中年人带着妻子儿子来感谢智者。

“谢谢你！当年听了你的话之后，我辞去工作，告别爱人和孩子去流浪，这两年的时间，我去了很多地方，但是越到后来，越觉得当初的决定是错误的，当我认识到这点时，我马上回到了妻子的身边。妻子、儿子，还有工作，都能够让人快乐，可我，却曾经在快乐中迷失了方向……”

智者笑了：“你怎样找到的快乐？”

“我是在失去后才知道珍惜的，不要总是向往那些没有得到的东西，我现在终于明白了，快乐往往就在你拥有的东西里。”

是啊，**快乐就在你所拥有的东西里**。但是，却很少有人会明白这个道理。

当穷困潦倒时，人们常常为自己的物质贫困而发愁，长吁短叹，郁郁寡欢，但是，腰缠万贯了，却又厌倦于灯红酒绿的日子，为自己找不到真诚的感情而颓丧，百无聊赖。

如果屡遭挫折，会抱怨命运的不公，哀叹人生的残酷。可是生活一帆风顺时，又埋怨日子平淡如一潭死水，觉得这白开水一样的日子无滋无味，没有激情。

如果工作忙碌，会抱怨没有时间休息。可真要失业在家了，又惶惶不可终日。

朋友太多，会埋怨应酬，在人情的穿梭中迷失了自我。没有朋友，又会觉得内心失落和孤独。

……

不论生活怎样，就是找到不快乐。即使阳光灿烂，笼罩心头的，也总是浓重的阴云。

于是人们就陷入了一个尴尬的怪圈。但是，只要你愿意，在人生的任何时候，我们都可以找得到快乐的理由。

工作是快乐的，生活是快乐的，既然有快乐的理由，那为何要痛苦的活着？在生活中努力地寻找一个快乐的缘由，再去用心地体会快乐的感觉，你的人生就将会更加精彩和灿烂。

幸福锦囊

◆ 即使境遇再怎么糟糕，只要能换个角度看问题，还是可以找到快乐的理由的。

◆ 享受快乐是人生的一种境界，而这快乐在“心”中。

◆ 只要你拥有一颗快乐的心，就没人能让你的生命灰暗沉重。

◆ 寻找快乐的理由，就是寻找一个平和的心境，寻找一份处世的坦然。

假装快乐，你会真的快乐起来

假如生活欺骗了你，不要悲伤，也不要气愤！在愁苦的日子里要心平气和，要相信，快乐的日子会来临。

——普希金

如今，“郁闷”成为了人们的口头禅，抑郁症也成为一种比较流行的心理疾病。之所以如此，与当今时代日益激烈的竞争有着直接的关系。

生活中，挫折和逆境就像我们的影子，我们到哪儿，它们就跟到哪儿，但是，生活必须要继续，而逆境和挫折只是你人生坦途中的一块石头，只是大小不同而已。小的，你可以随手将它搬到路边去。大的，如果自己搬不动，可以请人帮忙，如果别人也搬不动，那就绕过去。在这个过程中，你或许会有挫败感，会觉得沮丧和无助，但是，没有关系，你可以假装快乐地继续前行，你会发现，这些坏情绪很快就会被你忘掉。

有一名工人曾经在五年的时间内先后遭过一连串的厄运：先是儿子大学落榜，半年后妻子重病住院，之后家中被盗，后来上班时不小心被机器压断胳膊……如此倒霉的经历，你可能会为他担忧，觉得他的日子一定过得很悲惨。错了，他依然过得很快乐，每天都是笑呵呵的。

大家很不解，面对如此经历，他是如何应对的呢？他告诉别人：“其实，我的很多快乐是假装的。当儿子落榜后，我也很难过，但是我知道，如果我整天都是悲戚戚的样子，我的儿子会更加难过，我知道他已经尽力了，他是一个懂事的孩子。于是我就假装不在乎，并且还安慰他，还可以复读。后来，儿子看到我乐观的样子，也就慢慢地不那么难过了。时间长了，我们也就真的不再去想这件事情。

妻子重病住院后，我当时忙前忙后，压力也很大，但我还是告诉自己，现在不能有任何悲观的情绪，妻子会因此受到影响。所以，我就每天乐呵呵的，我的笑容给了妻子很大的信心，她渐渐地也放宽了心，对自己

的病也不再那么担心了。看到妻子心情好，我更有了快乐的理由。

家中被盗，的确损失不小，但是我知道这会儿无论怎么悲伤，损失也是无法挽回的，那我还是乐观点吧，假装快乐会让我忘记这件不愉快的事，于是我告诉自己：不就是丢了一点东西吗？没什么大不了的，还是快快乐乐地忘记这件倒霉的事情吧。

胳膊被压断后，我其实也挺难过的，因为以后要面对很多困难，但是看到妻子、儿子难过的样子，我就告诉自己，不能表现得这么难过，我是这个家的顶梁柱，不能倒下。于是我就告诉儿子和妻子："其实这也不是一件坏事，我可以趁着这段时间好好休息一下，平时那么忙，我也很少有休息时间……"我就假装快乐——我后来发现，假装快乐其实也是可以让人感到真正的快乐！笑是免费的，快乐不用花一分钱，它能伴随我渡过许多难关……

看到这里，你或许会疑惑：快乐可以装出来，但是内心真的会快乐起来吗？自欺欺人真的能让人快乐起来吗？答案是肯定的。

有位心理专家曾说：**"'假装快乐'是一种快速调整情绪获得快乐的方法，虽然治标不治本，但的确有效。"**心理学研究发现，人类身体和心理是互相影响、互相作用的——某种情绪会引发相应的肢体语言，比如愤怒时，我们会握紧拳头，呼吸急促；快乐时我们会嘴角上扬，面部肌肉放松。与此同时，肢体语言的改变同样会导致情绪的变化，当无法调整内心情绪时，你可以调整肢体语言，带动出你需要的情绪。比如你强迫自己做微笑的动作，你就会发现内心开始涌动欢喜，所以假装快乐，你就会真的快乐起来，这就是身心互动原理。

由此可见，**好心情也可以"装"出来，只要你随时提醒自己，鼓励自己，你就可以让自己拥有好心情，你的心中一旦被欢喜的情绪填满了，那坏心情自然就会无处藏身。**

要知道，我们的神经系统是很容易被"掌控"的，当你用肉眼看到一件喜悦的事，它会做出喜悦的反应；看到忧愁的事，它会做出忧愁的反应。所以，当你习惯性地想象快乐的事，你的神经系统便会让你拥有一个

快乐的心态。

所以，当你悲伤、难过的时候，不妨告诉自己——我很快乐！或许刚开始的时候你的快乐是“假装”出来的，但是一段时间之后，你会发现自己真的已经融入快乐之中了。

幸福锦囊

◆ 假装快乐是一种让人快乐起来的最简单最实用的方法。

◆ 假装快乐，让你的脸上挂着微笑，生活中的乐趣就会伴随你。

◆ 快乐在我们每个人的身边，选择快乐，抓住快乐，拥抱快乐，你就是一个快乐的人。

第六章
活在当下，珍惜眼前

一直以来，人们都在寻找幸福，却忘记了，幸福其实就在身边——花朵绽开的刹那，蜻蜓点水的瞬间，炊烟飘散的过程，与家人团聚的时刻……尽管这些都很平凡，但它们都发生在我们的身边，只要你活在当下，学会珍惜，你就能从平凡生活的细微之处感受到最真实的快乐与幸福。

把每一天当成生命的最后一天

记住吧，只有一个时间是重要的，那就是现在！它之所以重要，就是因为它是我们唯一能有所作为的时间。

——列夫·托尔斯泰

有一位老人去世后，后人在整理他的遗物时发现了一个笔记本，笔记本上面密密麻麻的记满了文字。笔记本的最后一页，记录着老人对生命的感悟：

“如果可以再重新活一次，我要尝试更多的错误，我不会再事事追求完美。”

“我情愿多抽出一点时间陪家人，不再那么拼命地工作。”

“如果可以重新活一次，我宁愿随遇而安，处世糊涂一点，不对将要发生的事处心积虑算计，人世间有什么事情需要斤斤计较呢？”

“如果可以的话，我会到世界各地走走，看看各地的风景，即使是危险的地方也值得去冒险。”

“以前我总是认为时间还有很多，所以拼命赚钱，想等条件好一点再把父母接到身边。但是，还没等我赚到足够的钱，父母已经离开了。我十分后悔，如果可以重新活一次，我会珍惜跟父母在一起的时间，我会抽时间多陪陪他们。”

“过去的日子，我活得太过小心谨慎，每一分每一秒都不容许自己有闪失。结果每天都很辛苦，很累。如果可以重新活一次，我宁愿糊涂一些。”

“如果一切可以重新开始，我会用心享受每一分、每一秒。如果可以重来，我会赤脚走在户外，甚至整夜不眠，用整个身体好好地感受世界的美丽与和谐。还有，我会去游乐园多玩几圈木马，多看几次日出，和公园里的小朋友玩耍。”

“如果人生可以从头开始……但我知道，不可能了。”

这就是人生，它没有重来一次的机会。**我们唯一能做的，就是珍惜现在，把握现在的时光，把每一天当成是生命的最后一天，这样，我们在离开这个世界的时候，才不会有那么多的遗憾。**

有一位高中老师，在作文课上，给同学们出了一道题：假如今天是生命的最后一天。面对这道题，许多同学茫然地瞪大了眼睛：“怎么会呢？”老师解释说：“或许这一天十分遥远，现在让你们思考这个话题可能有些残酷，但我希望你们不要回避，要认真地思考。这样你们或许会更加热爱生命。”

当学生们的作业交上来之后，老师看到了很多发自内心的真情流露：

女生王写道：“十六年前，我来到了这个世界，假如今天是我生命的最后一天，我一定要趁着灿烂的阳光还照耀着我的脸的时候，对我的父母

说：‘爸爸妈妈，感谢你们给了我生命，感谢你们这些年对我无微不至的照顾。’”

男生田说：“假如今天是生命的最后一天，我会像《最后一课》中的小弗朗士那样，用心记住老师的每一句教诲，不再把学习当成是一种苦役。”

男生柳说：“假如今天是生命的最后一天，我要向曾受到我伤害的好朋友致歉，请他原谅我。”

女生余说：“假如今天是生命的最后一天，我会走到大街上，用心感受灿烂的阳光、和煦的微风，我要用心记住每一个人的一举一动，一颦一笑。我要告诉所有的人，好好活着，别抱怨，别气馁。”

男生徐说：“假如今天是生命的最后一天，我会用自己所有的零花钱给关爱了我十余年却一直被我唤作阿姨的继母买份礼物，我还要响亮地叫她一声妈妈。我会告诉她，感谢她这十多年来对我的关心和照顾，我爱她。”

……

老师被深深地打动了。上课的时候，她告诉大家：“同学们，你们的作文我都仔细看过了，每一个同学都是用心在写这篇文章。在这里，我想要告诉大家的是：文章里你们想要做的事情，现在就应该去做，不一定非要等到生命的最后一天。我们只有珍惜现在的每一天，过好现在的每一天，不会在生命结束的时候后悔。”

人生就像是一趟单程列车，一旦启动，就会朝着一个方向驶去，绝无回头的可能。每个乘坐这辆列车的人，都应该好好考虑一下这个问题：如果今天是生命的最后一天，我该怎么办？

人生当中，我们总会有这样那样的遗憾：迟迟不敢表白，错过了最爱的人；总想着以后陪伴父母，却忘记了父母已经不起长时间的等待；很多事情，总以为还有很多时间去做，但是直到生命结束，也没来得及做……

如果我们都能把每一天当成生命的最后一天，尽力做好每一件事情，我们的人生就不会留下遗憾。

幸福锦囊

◆“来不及”是世界上最让人伤感的词语，所以，别让“来不及”毁了你的人生。

◆珍惜生命中的每一天，不要像寒号鸟一样，让生命在拖延中凋零，也不要把期望当做习惯，因为人生的所有美好都在今天绽放。

◆以真诚和努力过完生命的每一天，这样，你的生命才不会留下遗憾。

◆今天的责任，应该今天去担负，绝不留到明天。

幸福在当下，珍惜现在的所有

幸福不在明天，也不在昨天，它不怀念过去，也不向往未来，它只在现在。

——屠格涅夫

幸福是人生的终极目标，一个人，不管是学习或者工作，都是为了获得一个幸福的人生。那么，幸福是什么？幸福在哪儿呢？其实，幸福就在当下。

在撒哈拉沙漠中，生活着一种土灰色的沙鼠。每当旱季到来之时，沙鼠都要囤积大量的草根，作为旱季的食物。因此，在整个旱季来临之前，沙鼠都会忙得不可开交，每天进进出出，从早忙到晚。

事实上，沙鼠根本用不着这样劳累，有人曾做过专门的统计，一只沙鼠在旱季只能吃掉两公斤草根，但是，它却要运回十公斤以上才能踏实。因此，当旱季结束的时候，那些没吃掉的草根大部分都在洞穴中腐烂，沙鼠还要将腐烂的草根一一清理出洞。

沙鼠的身上，似乎有我们很多人的影子——很多人都为所谓的“明天”、“后天”深感不安，为那些还没有到来，或永远也不会到来的事情焦急忙碌。事实上，我们现在不愁吃不愁穿，有幸福的家庭，稳定的工作，也没有什么威胁我们的安全，处在这种状态中的我们，应该是幸福的，但是很多人却觉得不踏实、不安全，想要囤积更多，这样才能让他们觉得有安全感。因此，很多人一直都在为将来的所需和将来会如何而发愁。

其实，**把握当下的幸福，才是真正的幸福，无限地幻想明天，幸福就永远也靠近不了我们。**当我们一门心思准备迎接将来的某一天的时候，往往会忽视眼前的一切，事实上，你眼前所拥有的一切就是最好的。

年轻的时候，人们习惯说：“等到……的时候”，对未来抱着无限的憧憬，但是到了年老的时候，却又变成了：“过去……的时候”，对过去无限地怀念。之所以会这样，是因为很多人忽略了非常重要的一点——那就是当下。不珍惜当下，就会错失当下，也就没有了未来。

小悠如今是一家公司的中层管理者，月收入中等偏上，有自己的住房，有一个可爱的孩子，家庭幸福。但是，他却常常抱怨自己不够富有，觉得老板没有重用自己，埋没了自己的才能……他总是对当下的一切感到不满，因此，他生活得很不开心，常常一个人喝闷酒。

一个偶然的机会，喝酒时一个朋友给他介绍了一笔生意，说能够让他大赚一笔，他动心了。但是没想到，朋友骗了他，他成为了一起刑事案件的主犯。工作丢了，房子也被卖作赔偿金。

在监狱里，他非常后悔，自己没能好好珍惜曾经拥有的幸福，还想三想四，但一切都已经晚了。

你还在为自己缺这少那苦恼吗？看了上面的这个故事，你作何感想？

十七世纪法国科学家及思想家巴斯葛在其著作《沉思者》中说：“我们向来不曾把握现在，不是沉湎于过去，就是殷盼着未来；不是拼命设法抓住已经如风的往事，就是觉得时光的脚步太慢，拼命想办法使未来早点到临。我们都太傻了，竟然流连于那些并不属于我们的时光，而忽视唯一

真正属于我们的此刻。”是的，过去曾经美好，可是那已经过去了，未来还是一个未知数，我们唯一能够把握的，就是现在。

《圣经》中有一个小故事，说的是以色列民族在出征埃及的最后途中，天上掉下大饼，人们捡了很多，但是许多人舍不得一次吃完，想留着第二天再吃。但是到了第二天，人们才发现，那些饼都已经发霉了。

幸福就如那大饼一样，只有当时享用，才不会变味。

过去已经无法挽回，未来遥不可及，最重要的，就是珍惜现在的所有，把握当下的幸福。

幸福锦囊

◆ 人们总是习惯在“得不到”和“已失去”之间徘徊，将那些遗憾深植于心，如同一粒不肯腐烂的种子在我们的心里生根、发芽、开花，只是不会结果。

◆ 幸福的生活源自珍惜你现在所有，而不是把精力耗在无法改变的遗憾上。

在还没有失去时，将幸福紧握在手中

一个浪子所走的路是跟太阳一样的，可是他并不像太阳一样周而复始。

——莎士比亚

从前，山脚下的一幢大房子里住着一个男孩，他的父母很疼他，只要他喜欢的东西，父母都会满足他。他每天都过得很幸福。

有一天晚上，上帝来到他的房间，问他：“你长大后想要些什么？”

男孩听了上帝的提问，有些不知所措，他从来没有考虑过这个问题。看他很为难，上帝告诉他："这样吧，我给你一周的时间，你想好了再告诉我。"

一周的时间很快就过去了，这天晚上，上帝又来到了男孩的房间。男孩对上帝说："我想了很久，我终于知道自己长大后需要什么了。"

"你需要什么？"上帝问。

"我要住在一幢前面有门廊的大房子里，门前有两尊圣伯纳德的雕像，房子要有一座美丽的花园。我要娶一个高挑而美丽的女子为妻，她性情温和，长着一头黑黑的长发，有一双蓝色的眼睛，会唱歌跳舞。"

"我还要有三个健康的男孩，等他们大一些的时候，我可以跟他们一起踢球。我希望他们长大后，一个当足球运动员，一个做参议员，而最小的一个将是航天员。我自己要成为一名冒险家，可以到处征服高山、大海。我要有一辆红色的法拉利汽车，可以载着我的妻子、孩子一起兜风……"

听完了男孩的话，上帝说："听起来真是个美妙的梦想，但愿你能梦想成真。"

男孩十五岁的时候，有一次跟朋友一起踢球，不小心磕坏了膝盖。从此，他再也不能登山、爬树，更不用说去航海了。后来，他上了大学，学习了商业经营管理，学成后他开始经营医疗设备。

他娶了一位温柔美丽的女孩做妻子，女孩有着长长的头发，但不是黑色的，而且女孩的个子并不高，眼睛也不是蓝色的；女孩不会弹吉他，也不会唱歌。但是她的手很巧，能画出很好看的画，还能烧出很好吃的饭菜。

后来，他买了自己的房子，不是在山脚下，而是在市中心的高楼大厦里，从那儿可以看到蓝蓝的大海和闪烁的灯光。他的屋门前也没有圣伯纳德的雕像，但他却养了一只长毛猫。

他有三个可爱的女儿，每一个都很漂亮，坐在轮椅中的小女儿是最可爱的一个。三个女儿都非常爱她们的父亲。她们虽不能陪父亲踢球，但周

末的时候，她们会跟父亲一起去公园放风筝，此时，小女儿就坐在旁边的树下弹吉他，唱着动听的歌曲。

他每天都过得很惬意，虽然他没有红色的法拉利，但是他也经常开着那辆货车带着妻子和孩子们去外面郊游。

有一天早上，他突然想起了自己儿时的梦想。他一下子觉得自己现在的生活糟透了，“我很难过”，他对周围的人不停地诉说，抱怨他的梦想没能实现。他越说越难过，妻子、朋友们的劝说他一句也听不进去。

后来，他病倒了，住进了医院。一天夜里，所有人都回了家，病房中只有他自己。这时，上帝又来到了他的身边。他对上帝说：“还记得我是个小男孩时，对你讲述过的梦想吗？”

“那是个可爱的梦想。”上帝说。

“那你为什么不让我实现我的梦想呢？”他问。

“你已经实现了啊，”上帝说，“我只是想让你惊喜一下，所以给了你一些没有想到的东西。我想你应该注意到我给你的一切：一位温柔美丽的妻子，一份好工作，一处舒适的住所，三个可爱的女儿……”

“是的，”他打断了上帝的话，“但我以为你会给我我真正希望得到的东西。”

“你不喜欢你现在所拥有的这些？”上帝问他。

“是的，我想要实现儿时的梦想。”他回答。

“既然如此，那我把这些拿走吧。”说完，上帝就离开了，同时也带走了他所拥有的一切——妻子、女儿、工作、住所。他成了一贫如洗的穷光蛋，因为无力支付医药费，医院下了逐客令。

走在人烟稀少的街头，看着万家灯火，他无比地怀念过去的生活。

这时，上帝又出现了。“现在感觉如何？”上帝问他。

“很凄惨，我很怀念过去的生活，如果生活可以重来，我会好好珍惜。”

“好吧，既然你已经学会了珍惜，那就回到过去的生活吧。”上帝说完就走了。

回到位于市中心的家，他欣赏着孩子们悦耳的声音，看着妻子深褐色的眼睛以及精美的花鸟画，他感到心满意足。

生活中，有的人会把现在的生活看做是上帝的恩赐，怀着感恩的心情去享受生活，而有的人则会把手中的幸福随意丢弃。但人生最重要的就是把握现在，学会珍惜，别等幸福远去，才追悔莫及。

幸福锦囊

◆ 珍惜你所拥有的一切，不必为人生的得失而烦恼，用一颗平静的心生活，你会发现生活处处充满快乐。

◆ 珍惜现在拥有的，就是善待生命的每一天。

◆ 与其因为羡慕别人拥有的而愤愤不平，不如为自己所拥有的而庆幸和珍惜。

眼前的风景是最美的，已经拥有的是最好的

笨人寻找远处的幸福，聪明人在脚下播种幸福。

——詹姆斯·奥本汉

生活中，有些人羡慕那些明星和名人，觉得他们很威风，整天享受着鲜花和掌声，名利双收，其实，这是认识的误区。明星和名人同样有着不为人知的心酸。美国前总统里根在位时风光无限，晚年却备受不孝子的敲诈、虐待。如果没有那场车祸，恐怕很多人都以为戴安娜王妃与查尔斯王子过着幸福的生活……

俗话说：人生失意无南北，宫殿里也会有悲恸，茅屋里同样也会有笑声。只是，生活里，无论是别人展示的，还是我们关注的，总是风光得意

的一面。于是，**站在城里，向往城外，而一旦走出了围城，就会发现生活其实都是一样的，所以，我们没必要去羡慕他人。**

在一条河的两岸，一边住着凡夫俗子，一边住着僧人。凡夫俗子看着河对岸的僧人每天无忧无虑，只是诵经撞钟，十分羡慕他们。而河对岸的僧人看到凡夫俗子每天日出而作、日落而息，也十分向往那样的生活。时间长了，他们都各自在心中渴望着：到对岸去生活。

一天，凡夫俗子和僧人达成了协议，他们互换角色。于是，凡夫俗子过起了僧人的生活，僧人过上了凡夫俗子的日子。

几个月过去了，成了僧人的凡夫俗子发现，僧人的日子原来并不好过，日日诵经念佛，时间久了就觉得枯燥乏味，而悠闲自在的日子也让他感到无所适从，他便又怀念起以前的生活来。

成了凡夫俗子的僧人渐渐发现，他根本无法忍受世间的种种烦恼、辛劳、困惑，于是也想起做和尚的种种好处来。

又过了一段日子，各自心中又开始渴望着到对岸去。

由此可见，你眼中的他人的快乐，并非生活的全部。**每个生命都有欠缺，不必与人作无谓的比较，珍惜自己所拥有的一切就好。**

有一位农夫向智者哭诉：“大师，我现在生活得并不如意，我每天辛辛苦苦地去地里劳作，可是，这么久了，生活依然这么贫困，现在还住着低矮的土坯房，孩子也不听话，太太脾气又很暴躁，您说我应该怎么办？”

智者想了想，问他：“你们家有牛吗？”

“有。”农夫点了点头。

“那你就把牛赶进屋里来饲养吧。”

一个星期后，农夫又来找智者诉说自己的不幸。

智者问他：“你们家有羊吗？”

农夫说：“有。”

“那你就把它放到屋里饲养吧。”

过了几天，农夫又来诉苦，智者问他：“你们家有鸡吗？”

“有啊，并且有很多只呢。”农夫骄傲地说。

“那你就把它们都带进屋里养吧。”

从此以后，农夫的屋子里便有了孩子的哭闹声、太太的呵斥声、一头牛、两只羊、十多只鸡。三天后，农夫受不了了，他再度找到智者，请他帮忙。

“把牛、羊、鸡全都赶到外面去吧！”智者说。

第二天，农夫又来了，这次他显得很高兴：“大师，太好了，我家变得又宽又大，还很安静呢！”

生活中，总是有很多人对自己的现状不满足，并因此而烦恼，就像故事中的那个农夫一样。农夫的烦恼，不是因为房子太小，也不是因为孩子不听话，更不是因为太太脾气暴躁，而是因为他不懂得珍惜，总是向往“更好”的生活，却对自己所拥有的熟视无睹，错过了眼前的风景。

很多时候，**人们的烦恼都是自找的，**那些总认为自己太差的人，心灵的空间挤满了太多的负累，因此无法欣赏到自己真正拥有的东西。

所以，不要再去羡慕别人，好好珍惜上天给你的恩典，你会发现你所拥有的绝对比没有的要多得多，有缺陷的那一部分虽不可爱，却也是你生命中的一部分，接受它且善待它，你的人生会快乐、豁达许多。

幸福锦囊

◆ 珍惜你所拥有的一切，不必为得失而烦恼，用一颗平静心去感恩生活。

◆ 获得幸福的不二法门是：珍视你所拥有的，遗忘你所没有的。

◆ 眼前的风景已经是最美的，所拥有的也是最好的。

“当我跳下楼，看到窗户里的人都比我不幸”

幸福属于那些容易感到满足的人。

——亚里士多德

有时候我们心情沮丧，总是觉得自己拥有的太少，而别人之所以会看起来那么幸福，是因为他们拥有比我们更多的东西。但是，事实真的是那样的吗？

从前，有一位国王，他生活得很不开心，经常为过去的错误悔恨，为现在的困境苦恼，为将来的前途担忧。他终日生活在焦虑不安之中。他很想生活得开心、快乐，但是自己却束手无策，臣子们对此也是一筹莫展。于是国王下令在全国范围内寻找快乐的人，然后把这个人带回王宫。

但是很长时间过去了，还是没有能找到一个快乐的人。这天，国王乔装打扮成一位富商，带着几个臣子来到了一个贫穷的村落，他听到一个快乐的人在放声歌唱。循着歌声，他找到了正在田间犁地的农夫。

国王问农夫：“你快乐吗？”农夫回答：“我没有一天不快乐。”

国王喜出望外，询问他为何会如此快乐，农夫告诉他：“我曾因为自己住茅草房、每天辛勤劳作而郁郁寡欢，但是有一天，我在路上遇到了一个人，他双目失明，但依然很快乐的生活。那一刻，我突然明白，自己是幸运的，起码我还有茅草房可以住，有地可种，地里的收成可以填饱肚子，这已经足够了。”

听完了农夫的话，国王也恍然大悟。

生活中，有很多人像国王一样，每天担心这个，后悔那个，整日生活在苦恼当中。其实，人生最可怜的事，不是生与死的诀别，而是不知道自己拥有最珍贵的东西。

网上曾有这么一幅漫画：

一个漂亮的女孩子，因为跟相爱的男友分手，便觉得自己是天底下最不幸的人，终日生活在痛苦中不能自拔，终于有一天，她决定跳楼自杀。当她从顶楼一跃而下，在身体慢慢下坠的过程中，她看到了十楼以恩爱著称的夫妇正在吵得面红耳赤，她看到了九楼平常坚强的皮特正在偷偷哭泣，八楼的阿妹发现未婚夫跟最好的朋友不轨，七楼的丹丹在吃抗抑郁的药，六楼失业的阿喜还是每天买 7 份报纸找工作，五楼受人尊敬的王老师正在偷穿老婆的内衣，四楼的罗丝又要和男友闹分手，三楼的阿伯每天盼望有人拜访他，二楼的莉莉还在看她那结婚半年就失踪的老公照片……

她在决定自杀之前，以为自己是世上最倒霉的人。直到此刻，她才明白，原来每个人都有不为人知的困境。她明白这些之后，深深地觉得，自己其实过得还不错……可是一切都已经晚了。

这幅漫画很贴切地展现了我们生活中许多人的想法，**我们总是羡慕别人的生活如何美好，总觉得自己是最不幸的那一个，**但实际上并不是这样的。每个人的生活中总会出现这样那样的困难，就像那个女子在跳楼时所看到的那样，谁都不是生活中的宠儿，只是每个人对待生活的态度不同而已。

只要换个方式看待问题，你就会发现，自己的生活并不是那么糟。曾有一位哈佛博士写下了下面的这段文字：

如果我们将全世界的人口压缩成一个 100 人的村庄，那么这个村庄将有：

52 名女人，48 名男人。其中有 57 名是亚洲人，21 名是欧洲人，14 名是美洲人和大洋洲人，8 名是非洲人。有 89 名异性恋和 11 名同性恋。

在这 100 人中，6 人拥有全村财富的 89%，而这 6 人全部是美国人；有 80 人的居住条件不好，70 人为文盲，50 人营养不良，1 人正在死亡，1 人正在出生，1 人拥有电脑，只有 1 人拥有大学文凭。

如果我们以这种方式来看待世界，是不是觉得生活并不是很糟糕呢？别着急，我们继续往下看：

假如你吃得饱，穿得暖，有房住，不必每天为填饱肚子而发愁，不必为居无定所颠沛流离，那么你比世界上 75% 的人都富有。

假如你身体健康，没有疾病，那么你比其他几千万人都幸运，他们正在饱受病痛的折磨，有人甚至都看不到第二天的太阳。

假如你在银行有存款，钱包里有现金，那么你属于世界上 8% 最幸运的人。

假如你从未尝试过战火纷飞的危险、酷刑的折磨和饥饿的煎熬，那么你的处境比其他 5 亿人更好。

假如你父母双全，身体健康，家庭幸福，那你就是很稀有的地球人。

假如你读懂了以上的文字，说明你不属于 70% 文盲中的一员……

看完上面的这段文字，你还会觉得自己的生活一团糟吗？**只要肯用心去面对，用心去体会，我们就会很幸福。**

我们的人生就像是打牌，每个人都可能抓到坏牌，因此，不要总把眼光局限在自己的坏牌上，别人的牌也不一定强过你。这样去想，你才不至于自卑、绝望，才能保持必胜的决心，坚实地走下去。

幸福锦囊

◆ 我们每个人都渴望获得幸福，因而苦苦地追寻幸福，但是在追求幸福的过程中，很多人漏失了唾手可得的快乐，还有些人身在福中不知福。要想活得开心和快乐就请珍惜你所拥有的一切。

◆ 幸福的起点，来源于知足，真正的知足是“多也知足，少也知足，没有也知足”。

第七章
放开双手，让烦恼落下

人生有太多的烦恼，能将我们从烦恼的深渊中拯救出来的，不是别人，只能是我们自己。人生有太多的包袱，我们可以选择将它们一一扛在肩上，也可以选择潇洒地放下。而要想抛开烦恼，真正地拥有快乐，唯一的方法就是——放下。

大雪压枝，放下方能保全自己

懂得弯曲并敢于弯曲，是一种本领，更是一种境界。

——埃德蒙·伯克

加拿大东部有一条南北走向的山谷，这个山谷并没有什么特别之处，唯一能引人注意的是，它的西坡长满了松、柏、女贞等，而东坡却只有雪松。

人们很不解，为什么山谷的两侧会长着不同的树，气候学家、植物学家还曾专门来此地考察，发现山谷两侧的气候、土壤环境等完全相同。后来，这一奇异景观就变成了一个谜，人们只能以大自然的造化来解释。但是，一对夫妻却揭开了这个谜。

那是 1983 年的冬天，这对夫妻的婚姻正处于破裂的边缘，两个人再

也找不回往日的激情，但他们又不肯轻易地放弃这段感情。为了重新找回昔日的爱情，他们打算做一次浪漫旅行，如果能找回爱情，他们就继续生活下去，如果不能，那就只能分手了。

当他们来到这个山谷的时候，恰好下起了大雪。他们支起帐篷，望着满天飞舞的大雪，发现由于特殊的风向，东坡的雪总比西坡的雪大，而且密。不一会儿，雪松上就落了厚厚的一层雪。不过当雪积到一定的程度，雪松那富有弹性的枝丫就会向下弯曲，直到雪从树枝上滑落。这样反复地积，反复地弯，反复地落，雪松完好无损。西坡由于雪小，有许多树挺了过来，所以西坡除了雪松，还有松、柏和女贞等树植。

帐篷中的妻子发现了这一景观，对丈夫说："东坡肯定也长过其他的树，只是不会弯曲才被大雪摧毁了。所以，东坡就只剩下雪松了。"

丈夫点头称是。少顷，两人像突然明白了什么似的，相互拥抱在一起。

丈夫兴奋地说："我们揭开了一个谜——**对于外界的压力要尽可能地去承受，在承受不了的时候，要学会弯曲一下，**像雪松一样，就不会被压垮。"

确实，弯曲也是人生的一门艺术。

人生在世，会有各种各样的烦恼，这时，我们就要像雪松学习，在适当的时候弯曲，放下烦恼，这样，我们才不至于会被烦恼压垮。生活中，经常听到有人因为压力太大而自杀，那些人，就是因为不知道弯曲，不懂得放下，所以被烦恼、压力压得喘不过气来，最终只能选择极端的方式解决问题。

有一位老者，他酷爱收集瓷器，只要听说哪里有好瓷器，就会千方百计地前去鉴赏，如果中意，他会不惜重金买下。

在他收集的瓷器中，最中意的是一只龙头壶。有一天，一位久未谋面老朋友前来拜访，老者特意拿出龙头壶泡茶招待他。朋友对龙头壶赞不绝口，但把玩时一不小心将龙头壶掉在地下，茶壶应声破裂。老者蹲下身子，默默收拾着碎片，然后拿出另一只茶壶泡了茶，跟朋友继续说笑，好

像什么事也没发生过。

事后，有人问老者："你最钟爱的壶被人打碎了，难道一点都不难过吗？你不觉得惋惜吗？"老者回答说："壶已经打碎了，再对它念念不忘，它也不能复原。与其这样，还不如放宽心，重新去寻找，说不定还能找到更好的呢。"

很多时候，我们之所以会不开心、痛苦，就是因为抱着无益的烦恼不放。不妨学着放手，像雪松那样，把那些无益的烦恼抛开，**拿得起，放得下，才是让自己活得轻松的人生态度。**

也许，昨天你跟同事吵了一架，心中一直愤愤不平，再想到这个人以前对你的所作所为，心里更是生气。然后，你就开始幻想，要是再遇到他，该怎么做。接着，你又想到，若是他也还你颜色该怎么办，你要跟他硬拼吗？……顺着这样的思路，你一路幻想下去，甚至想到了几年以后。从始至终，你一直带着愤怒的情绪，在这里，要奉劝你一句：放了自己吧。那些都已经是过去的事情了，或许人家早就忘得一干二净了，而你却还在一个人生闷气，既伤心又伤身，何苦如此呢？

很多时候，人们承载了太多的苦闷，内心早已不堪负重，压抑的情绪让原本亮丽的生活也变得昏暗了。此时，不妨试着放下，放下堆积在心中的负重，让心灵轻快起来。

幸福锦囊

◆ 放下烦恼，就会轻松自在，就能以一颗平淡从容的心享受生活。

◆ 人生的烦恼大都是自找的，既然决定权在自己，为什么我们要自找苦吃呢？

◆ 能屈者才能伸，太刚硬易折。

不要为打翻的牛奶哭泣

聪明人永远不会坐在那里为他们的损失哀叹，而是会寻找办法来弥补他们的损失。

——莎士比亚

生活中，有些人终日为过去的错误悔恨，为过去的失误惋惜。那些无法挽回的就要忘掉它，有机会补救的，就要抓住最后的时机。后悔、埋怨、消沉不但于事无补，反而会阻碍前进的脚步。

琪琪经常为自己犯过的错误自怨自艾，她总是想那些做过的事，希望当初不是那样；总是回想那些说过的话，后悔当初没有将话说得圆满。

一天早上，全班到实验室上课。化学老师把一瓶牛奶放在水槽上，然后就开始上课了。课到一半，老师要给大家做示范，一不小心碰到了水槽边上的牛奶，“砰——”牛奶打翻了。

面对突如其来的意外，同学们都很吃惊。看着同学们的样子，老师说了一句：“不要为打翻的牛奶哭泣。”

然后他叫所有的人都到水槽旁边，好好地看看那瓶打翻的牛奶。

“好好地看一看，”他对大家说，“这瓶牛奶已经没有了，你们可以看到。无论你怎么着急，怎么抱怨，都没有办法再救回一滴。如果我们事先能够加以预防，那瓶牛奶或许可以保住。可是现在已经太迟了，我们现在所能做到的，只是把它忘掉、丢开这件事情，只注意下一件事。”

琪琪对这堂课感触颇深，她终于明白自己的苦恼来自何处了。

“不要为打翻的牛奶哭泣”（Don’t cry over spilled milk），是英国古代的一句谚语，指的是如果事情已不可挽回，就别再为它苦恼了。看似简单的一句话，却意义深刻，它告诉了我们一种对待错误和失误时应该有的心态。这句古老的谚语，说起来虽然轻松，但却很少有人能真正做到。

在生活的舞台上，没有旁观者，每个人都是演员，生活就是导演，由于准备不足，或者客观环境的限制，难免会演砸。

拿到年终奖后，小李为热爱运动的妻子小赵买了一辆捷安特自行车，小赵很开心，每到周末就骑上它出去锻炼。一天，小赵准备骑车出门，但感觉似乎要变天，为防万一，她上楼拿了一件衣服。结果出来的时候，车子早已不见了踪影。

小赵为此难过了好久。有一天，她对小李忏悔："唉！我真是太大意了，虽然只有几分钟的时间，但是也该给车上锁啊，这可真是一个低级错误啊……"小李听了妻子的话，知道还在为自己的错误而自责。于是对小赵说："一辆自行车，值得你内疚那么久吗？它丢了是事实，找回来的可能性也不大了，你别再想这件事情了……"

心态不一样，看待问题就不一样，结果也会不一样。我们虽然不可能改变三分钟之前发生的事情，但可以设法改变三分钟以前发生事情所产生的后果。鸡蛋已经破了，任凭你怎么看着它，想着它，它都不可能重新变成一个完整的鸡蛋了，还不如挥挥手，潇洒地对自己说："破了就破了吧。"然后继续投入到新的生活中去。如果心里整天想着它，怎么也挥不去那个阴影，为此反反复复孤枕难眠，这样就放大了痛苦，带给自己的将是更大更多的失误。

"如果我考前多复习两遍就好了。"小杨看着手中考卷上大大的红叉，懊悔地说。

肖潇排了半天的队，终于买到了篮球赛的球票，兴高采烈地约好和朋友一起去看，到了赛场外，才发现忘带球票了，球赛马上就要开始了，回家去取已经来不及，"我要是出门前检查一下就好了。"错过了最爱的球赛，肖潇耷拉着脑袋，沮丧地跟朋友说。

……

过去的事情已经过去了，无论你怎样难过伤心都没用，所以，**我们应该接受已经不可挽回的既成事实，忘记过去向前看。**无论你昨天过得有多糟糕，无论你今天有多懊恼，都无法回到过去了。一百个理由，一千种借口，也都于事无补。无论你快乐或者痛苦，生活是不会因此而放慢脚步

的。人生是一个过程，而不是一种结果，人一生就是把无数明天变为今天，再把今天变为昨天的过程。就算我们错过了昨天，还有好多可以把握的今天。

所以，别再为打翻的牛奶哭泣了，无论昨天怎样，只有把它忘掉，才能轻装上阵，把握好今天。

幸福锦囊

◆ 为过去哀伤、遗憾，除了劳心费神，浪费精力，对你的生活没有任何益处。

◆ 事实已经发生，后悔或沉浸在无意义的假设之中，无助于我们提升自己。与其如此，不如坦然地接受现实，把眼光从盯着过去转为瞄准未来，用下一次的成功证明自己的真正实力。

◆ 沉溺于过去的错误之中，是快乐人生的一大障碍。

少一些虚荣心，生活才更安宁

快乐和幸福不能靠外来的物质和虚荣，而要靠自己内心的高贵和正直。

——罗曼·罗兰

我和谁都不争
和谁争我都不屑
我爱大自然
其次是艺术
我双手烤着生命之火

火萎了

我也准备走了

这首小诗是英国诗人兰德晚年所写，题目叫做《生与死》。它体现的积极乐观、宁静淡泊的境界，正是诗人晚年生活的真实写照。诗人虽身处喧嚣的尘世，但仍能心平气和地面对一切。

这种心平气和指的是**不为虚荣所诱，不为权势所惑，不为金钱所动，不为美色所迷，不为一切浮华沉沦**。在如今这个物欲横流的社会，处处充满着诱惑和陷阱，要想远离虚荣，保持一份平常心并不是一件容易的事。

柏格森曾经说过："虚荣心很难说是一种恶行，然而一切恶行都围绕着虚荣心而生，都不过是满足虚荣心的手段。"**过于在意别人的看法，甚至单纯为赢得别人的赞誉而做事，就是虚荣。**

李可上大学的时候，靠着做家教和其他兼职的收入，买了一辆电动自行车，为此他很得意。每当超越那些骑着单车的同学时，心中就不由地产生一种优越感。

大学毕业后，凭借着自己的努力，他进了一家知名的企业，并很快就得到了上司的认可，短短五年的时间，他就成为公司的中层领导。一次大学同学聚会，当他得知班上的好多同学都还在为温饱问题而苦苦打拼时，一股自豪感油然而生。那时候，他早已有车有房。

他每天都开车上下班，尽管大都市的交通越来越拥堵，但是每每看到那些日晒雨淋的骑车人，他心里为他们悲悯，更为自己骄傲。

这年秋天，公司给了他半个月的假期，让他自由支配。毕业后，一心都扑在工作上，很少外出，这次，他决定到处去看看。然而，让他没想到的是，这次旅行，让他的观念发生了很大改变。

这天，他来到了一座小岛，小岛上风景如画，他很惬意地享受着旅行的乐趣。在沙滩上嬉戏的时候，他的眼镜很不幸地被摔坏了，只好叫出租车回旅馆。在车上，他向出租车司机打听什么地方可以把眼镜修好。

司机告诉他，这个小岛上没有眼镜店，只有到离小岛不远的市区才能修。李可听后很失望，禁不住叹了一口气："你们这里真不方便。"

司机却笑着说："我们这里的人很少近视，也没觉得有什么不方便。"

在车上，他跟司机聊了挺多，后来，他觉得这个司机谈吐不俗，便决定包他一天车，去市区修眼镜，也顺便参观一下市区。司机犹豫了好一会儿，才说："我明早八点到旅馆来接你。"

第二天八点钟，司机准时出现在了旅馆门口。他们到了市区后，李可的眼镜很快就修好了，之后，他在那里逛了一上午，感觉没什么好玩的，便想回旅馆。但是他又想到司机为接他这笔生意，肯定推掉了很多生意，就感到有点不好意思。犹豫了好久，他吞吞吐吐地跟司机说："真是不好意思，我想改成只包半天，这会不会让你感觉不方便？"

听了李可的话，司机却显得很开心："一点都不会，昨天你说要包一整天的车，我还有些犹豫呢，我一向是不接受包整天车的，只是因为跟你谈得来我才同意的。"

李可很疑惑："这是为什么呢？"

司机回答说："我每天都给自己定了一个目标，赚够一定的数额我就收工回家。你包我一整天的车，给我的钱是我目标的两倍，但是这样一来我就没有休息的时间了。"

"你可以先多赚点钱，等有了足够的积蓄，再腾出时间休息啊。"

司机笑着说："钱赚多少才算够呢，我可不想为了赚钱把自己搞得像个陀螺，那样的生活太可怕了。我觉得现在的生活挺好的。每天收工后，我就跟孩子一起放放风筝，或者到沙滩打打排球，游游泳……"

回到旅馆，李可一直在回味着司机的话。他突然觉得前半辈子完全"误入歧途"，这些年来，自己一直拼命工作，就是为了赚更多的钱，买更大的房子、拥有更好的车，好让自己在同学、朋友那儿有面子，满足自己的虚荣心。可是再这样干下去，房子肯定越换越大，大到没有办法打扫，再请保姆，为了还房贷和养保姆，只好拼命工作，有家不能回。那么大的房子又有什么用呢？

人生在世，我们需要的东西并不多，但有的人就是喜欢攀比，生出许多欲望，有些欲望大到我们不能承受，让人觉得疲惫，让我们忘记了完全可以将这一切抛却，活一个快乐潇洒的自己。

功名利禄、富贵荣华不过都是过眼云烟。**“身外物，不奢恋”**，谁能做到这一点，谁就会活得轻松，过得自在。假如你能有“名利竟如何，岁月蹉跎，几番风雨几晴和。愁水愁风愁不尽，总是南柯”的气概，你就会活得轻松、自在。

幸福锦囊

◆ 要想拥有幸福的生活，就要学会控制欲望，学会克服自己的虚荣心。

◆ 虚荣会囚禁你的心灵，让你在做任何事情之前都掂量自己能否得到赞赏。为了维护自己的美好形象，你必须收敛自己，仔细斟酌说出的每句话，这会让你苦不堪言。当你的形象破灭时，那些因为虚假的名誉而建立起来的友情、爱情，也会随之消失。

◆ 虚荣犹如不纯净的包装袋，里面夹杂的各种气体只会让你的美德变质。

贪婪是耗尽人的能量，却永不让人满意的“地狱”

人最终喜爱的是自己的欲望，不是自己想要的东西！

——尼采

生活中，很多人抱怨生活中没有乐趣，感受不到幸福。试想一下，我们是从什么时候开始变得不满足，不知道怎样获得幸福。好不容易在偏远的郊区买了一套小二居，但发现身边的很多人都在市区买了房；好不容易买到了心仪的包包，可是第二天又发现出了一个最新款的……

每个人都有欲望，都想过美满幸福的生活，都希望丰衣足食，这是人之常情。但是，如果把这种欲望变成不正当的欲求，变成无止境的贪婪，那我们就会在无形中成了欲望的奴隶。

在欲望的支配下，很多人为了权力、地位、金钱而削尖了脑袋。我们经常觉得自己非常累，但是看到别人的生活比我们更富足，我们就别无出路，只能硬着头皮往前冲，在无奈中透支着体力、精力与生命。

这样的生活，能不累吗？被欲望重重地压着，肯定会筋疲力尽。其实，静下心来想一想：有什么值得我们用宝贵的生命去换取吗？

聪明的人，他们懂得控制自己的贪念，不让贪念支配自己的生活。

据说上帝在创造蜈蚣时，并没有为它造脚，但是它仍然爬得像蛇一样快。

有一天，蜈蚣看到羚羊、梅花鹿等都跑得比自己快，心里很嫉妒，也很不服气："哼！脚多了，当然跑得快！"于是它向上帝祷告说："上帝啊，我希望拥有比其他动物更多的脚。"上帝听到了，答应了蜈蚣的请求。他拿了好多的脚放在蜈蚣面前说："你看你喜欢什么样的脚，自己挑吧。"

蜈蚣听了很开心，迫不及待地拿起这些脚，一只一只地往身体上黏，从头一直黏到尾，直到再也没有地方可黏了，它才依依不舍地停了下来。

蜈蚣心满意足地看着满是脚的躯体，心中暗暗窃喜："现在我可以像箭一样飞出去了！"但是等它迈开脚步准备奔跑时，才发觉自己完全无法控制这些脚。这些脚各走各的，它必须要全神贯注，才能使一大堆脚顺利地往前走。这样一来它反而比以前走得慢了。

其实，生活中也有很多像蜈蚣那样贪婪的人。很多人，将自己绑在了欲望的战车上，纵然气喘吁吁也不愿意停下来歇歇脚。不断膨胀的欲望几乎占据了现代人全部的空间和时间，甚至连吃饭、喝水、睡觉的时间都没有。

人的心理很奇怪，总是看不到自己"已有的"或"曾经拥有的"，却总是"看到"或"想到"自己"失去的"或"没有的"，这就注定了奔波忙碌。

在一个完全物化的世界里，人性被欲望之绳捆得更紧，由此失去了快乐和自由的空间。**在欲望的海洋中泅渡是一种痛苦，不能摆脱贪婪人性的倾轧，幸福已在挣扎中失去了原本的色彩。**

对于一个不知足的人来说，天下没有一把椅子是舒服的。贪婪就如同一团熊熊烈火，柴放得越多，火烧得越旺，而火烧得越旺，人就越有添柴的冲动。于是，人便奔来奔去、忙里忙外，难有停息的时候。

只有知足的人，才能品尝到更多的喜悦与快乐，获得更多的自信与潇洒。

贪婪是欲望无止境的一种表现，它让人永不知足。永不知足是一种"病态"，其病因多是对权力、地位、金钱的贪婪。如果继续发展下去，人就会变得贪得无厌。

古希腊哲学家科蒂说："一个人生活上的快乐，应该来自尽可能少的对外来事物的依赖。"罗马政治学家及哲学家塞尼加也说："如果你一直觉得不满，那么即使你拥有了整个世界，也会觉得伤心。"

这个世界的物欲太无穷，而人生却太有限。什么都想得到的人，结果很可能什么都得不到，甚至连自己已经拥有的也会失去。而一个平淡对待生活的人，可能会意外地得到惊喜。

幸福锦囊

◆ 贪欲是人成功路上的障碍，因为它会自动成长、膨胀，最后喷薄而出时，就会炸伤自己，一切的荣誉、成功也都将随之烟消云散。

◆ 贪婪是幸福的大敌。要想真正获得幸福，就要学会淡定，学会知足。

◆ 一个人，要知足、培福、惜福，在遭逢逆境时不抱怨，一帆风顺时懂得感恩，无论何时何地，都感到心满意足，这样才会真正幸福。

凡事不可强求，顺其自然者成大器

幸福是相对的，顺自然之性便能获得幸福。

——冯友兰

三伏天，禅院的草地枯黄了一大片。

“快撒点草子吧！光秃秃的好难看啊！”小和尚说。

“等天凉了……”师父挥了挥手，“随时！”

中秋，师父从集市上买回一包草子，叫小和尚去播种。恰好秋风瑟瑟，草子边撒、边飘。

“师父，不好了！好多种子都被吹跑了。”小和尚喊。

“没关系，吹走的多半是空的，撒下去也发不了芽。”师父说，“随性！”

撒完种子，第二天，小和尚看到几只小鸟在草地上啄食。“要命了，师父，种子都被鸟吃了！”小和尚急得跳脚。

“没关系！种子那么多呢，小鸟吃不完。”师父说，“随遇！”

夜里下了一阵骤雨，小和尚一早冲进禅房：“师父！这下真完了！好多草子被雨水冲走了！”

“冲到哪儿，就在哪儿发芽。”师父说，“随缘！”

一个星期过去了，原本光秃秃的地面，居然长出许多青翠的草苗，一些原来没播种的角落，也泛出了绿意。小和尚高兴得直拍手。

师父点头：“随喜！”

这个富有禅意的小故事，告诉我们要**一切顺其自然，做任何事情都不勉强自己**。随，不是随便，是顺其自然，不怨怼、不躁进、不过度、不强求；随，不是随便，是把握机缘，不悲观、不刻板、不慌乱、不忘形。

生命是一种缘，是一种必然与偶然互为表里的机缘。有时候命运喜欢与人作对，你越是挖空心思想去追逐一种东西，它越是想方设法不让你如愿。这时候，痴愚的人往往不能自拔，好像脑子里缠了一团毛线，越想越乱，陷在自己挖的陷阱里；而明智的人明白知足常乐的道理，他们会顺其自然，而不强求不属于自己的东西。

据说迪斯尼乐园刚建成时，迪斯尼先生曾为园中道路的布局大伤脑筋，所有征集来的设计方案都不尽如人意。迪斯尼先生无计可施，一气之下，命人把空地都植上草坪后就开始营业。几个星期过后，当迪斯尼先生从国外考察回来时，看到园中几条蜿蜒曲折的小径和所有游乐景点有机地结合在一起时，不觉大喜过望。他忙喊来负责此项工作的杰克，询问这个设计方案是出自哪位建筑大师的手笔。杰克听后哈哈笑道："哪来的大师呀，这些小径都是被游人踩出来的！"

我们在生活中，应当遵循的是自己的自然本性和自身的习惯，做到凡事顺其自然。

冰心曾说："凡事不可强求，凡事顺其自然，但求无愧于心。此身如草芥微尘，世事转头已成空。"是啊，人生在世，短短几十载，我们应该淡然地面对，坦然地度过。一切本是身外之物，生不带来，死不带去，我们何必去苦苦追求？须知：命里有时终须有，命里无时莫强求。所以我们要做的就是珍惜眼前，尽情去享受生活中的乐趣，不要为名声所累。

孟子说："舜在吃干粮咽野菜的时候，就像打算终身这样过日子似的。到他做了天子后，锦衣玉食，整日听着琴，被尧的两个女儿服侍，又像本来就享有这种生活似的。"这就是顺其自然的表现。**拥有顺其自然的态度，能够使我们在欲壑难填时，抑制住心中不切实际的幻想。**

生命中的许多东西是不可以强求的，那些刻意强求的东西我们或许终生都得不到，而我们不曾期待的灿烂或许会在我们的淡泊从容中不期而至。因此，面对生活中的顺境与逆境，我们应当保持"随时"、"随性"、"随遇"、"随缘"、"随喜"的心境。顺其自然，以一种从容淡定的心态面对人生，我们就会有意想不到的收获。

幸福锦囊

◆ 不妨试着问一下自己：做事是不是太过于执著和勉强了？然后以一种顺其自然的态度来学习和生活，那么我们就将不再疲惫。

◆ 强扭的瓜是不会甜的，顺自然之性才能获得幸福。

第八章
至简生活，背负越少走得越远

人生在世，难免有诸多欲望和追求，于是，我们在不知不觉中背上了沉重的包袱，这里，有些是我们所必需的，有些却是完全没必要的。那些没必要的，就会成为我们的负担。因此，要想拥有幸福的生活，就要学会放下，减去生活中一些不必要的负担。只有这样，我们才能轻装上阵，在人生之路上走得更长远。

心灵的房间，不打扫就会落满尘埃

一无所有的人都是有福的，因为他们将获得一切！

——罗曼·罗兰

心灵的房间，不打扫就会落满尘埃。蒙尘的心，就会变得压抑和迷茫。

有一段时间，小娴的工作很忙，每天都要加班到很晚，周末也难得休息。一个多月后，工作暂时告一段落，老板给了小娴一周的假期，小娴很开心，终于可以轻松一下了。假期的第一天，小娴一觉睡到自然醒，好久没有这样的享受了，起床洗漱完毕，她决定整理一下自己的房间。

因为前段时间工作忙，房间里乱得很，书桌上、电脑桌上是堆积如山的书刊和稿子，书柜上摆满了小物件，地板上也脏得不成样子……

小娴先把到处乱扔的书刊归类放到书架上，然后清理废纸和没有实际用处的小东西。这些事情，其实也简单，但足足花去了小娴一个多小时。中午吃过饭，小憩了一下，小娴接着打扫房间：擦桌子、扫地、拖地……房间的边边角角都认真地清理了一遍。

等全部清理完，小娴发觉整个房间有焕然一新的感觉，甚至连光线都明亮了许多。

就像房间需要定期打扫一样，我们的心灵也是需要经常打扫的。因为在尘世间走得久了，心灵就会不可避免地沾染上尘埃，使原本洁净的心灵受到污染和蒙蔽。有一位心理学家曾经说过：**人是最会制造垃圾污染自己的动物之一**。这里的垃圾，指的是心灵的污垢。

我们每天都要经历很多事情，开心的，痛苦的……都在心里安家落户。心里的事情一多，就会变得杂乱无序，然后心也就会跟着乱起来。有些痛苦的情绪和不愉快的记忆，如果一直充斥在心里，就会使人委靡不振。房间要经常打扫，不打扫就会落满尘埃，居住在这样的房间里，就会感到不舒服。同样的道理，心灵的房间也需要经常打扫，如果不把堆积在心里的杂物一一清除，势必会造成垃圾成堆，而原本纯净无污染的内心世界，亦会积满污垢。蒙尘的心，就会变得灰暗迷茫。所以，**扫地除尘，能够使黯然的心变得亮堂；把事情理清，才能使杂乱的心变得清净，告别烦恼。**

生活中，清理有形的垃圾容易，但是要清理内心的烦恼、欲望、忧愁、痛苦却不是一件容易的事情。因为，这些心灵的垃圾常常被人们忽视，或者由于各种各样的原因不愿去打扫。有的人担心在打扫完之后，必须要面对一个未知的开始，但是自己又无法确定那到底是不是自己想要的。有人担心丢掉现在拥有的，万一将来后悔又无法挽回……有时候，自己也下定了决心要清理，但是又不知道该采用怎样的方式，不知道如何下手。

我们不妨用下面的方法来“心灵垃圾”：

在自己心里把心灵垃圾梳理一遍，写在纸上，或者说出来，好好地经历一次痛，然后把写出来的文字销毁；如果是选择说出来，可以找人诉说，也可以找个没人的地方，大声说出来，然后将说出来的一切忘掉。

选择一个清静的地方，闭上眼睛，幻想自己在一个风景秀美的地方，想象自己是一个过客，一个旅游者，带着笑容，带着轻松的心情。当心真正平静下来后，可以想想当时形成内心问题的情景，平静理智的分析原因及思考解决方法。

每天都保持愉悦的心情。每天早上醒来，告诉自己又是新的一天，一切都可以重新开始。晚上睡觉前，告诉自己，一天过去了，白天经历的不开心的事情，就让它们随着时间的流逝而消失吧。

智者之所以成为智者，就是因为他们的心灵很纯净，一尘不染。而大多数的凡夫俗子，由于内心有太多的杂念，心中堆积了太多灰尘。因此，我们要把清扫心灵作为一项日常生活中的事情进行下去。

幸福锦囊

◆ 经常清扫心灵的房间，及时丢弃拖累心灵的累赘，你的心灵才不会背负重担。

◆ 清扫心灵并不是一件难事，只要你愿意，你就可以快快乐乐的生活。

◆ 那些痛苦的回忆和不愉快的情绪，如果一直充斥在心间，就会使人变得压抑，萎靡不振。

给人生来次大扫除，留下最需要的东西

世上本无事，庸人自扰之。

——孔子

要搬新家了，趁着周末休息，小图跟丈夫在家清理物品。当她把一箱又一箱的物品打包时，才发现，原来这短短几年的时间，自己竟然积累了那么多的东西。晚上，小图累得腰酸背痛，可看到屋子里还是一片狼藉，心里很是懊恼——唉，要是以前能够定期清理、淘汰不需要的东西，就不会像现在这样辛苦了。

其实，这样的道理同样也适用于我们的人生。**在人生之路上，我们也需要定期清扫、淘汰不需要的东西，只有这样，我们才能一路轻松前行。**

在人生之路上，我们会不断地积累一些东西，诸如名誉、财富、亲情、友谊、知识等，当然，也包括挫折、烦恼、压力等，这些有的是早就该丢弃的，但我们却一直背在身上，有些是该储存的，但我们却没有去珍惜。

洛威尔是美国著名的心理学家。有一次他约了朋友到东非赛伦盖蒂平原探险。在出发前，洛威尔担心旅途中会出现突发状况，所以就带了很多物品——食具、切割工具、挖掘工具、衣服、指南针、观星仪、护理药品等以备不时之需。当他把所需物品都准备好时，才发现背囊已经塞得满满当当的了，尽管如此，洛威尔还是对自己携带的物品非常满意。

一天，洛威尔向当地的一位土著向导展示了自己的背囊，向导突然问了一句："你带这么多东西，都能用得着吗？"洛威尔一愣，这个问题他从未想过，之前只是想要未雨绸缪。洛威尔开始检视，结果发现，有些东西根本用不着，可是他却背着它们走了那么远的路。

于是，洛威尔把用不到的物品送给了当地的居民。在接下来的旅途中，由于背囊轻了，洛威尔觉得后面的旅程有趣多了。

我们的生命就如同一次旅行，背负的东西越少，旅程就会越轻松、越惬意。但一直以来，我们不断地把各种有形、无形的东西加在自己身上，好让自己富有、壮大、盈满。因为自己相信：当自己在各方面都"长得像大树一样强大"的时候，就是离快乐和幸福最近的时候。

事实果真是这样的吗？当你背负着沉重的包袱在人生旅途行走的时

候，你可曾问过自己：我幸福吗？我快乐吗？当你面带倦容，行色匆匆的时候，何不暂时停下脚步，问问自己的内心：我真正想要的到底是什么？现在身上背负的这些都是必需的吗？

这时候，你是否想过为自己的人生来一次大扫除，减去豪华奢侈回归纯朴舒心，减去追名逐利享受宁静淡泊，减去听信谗言释然内心，减去一次奢华的酒宴，与家人一起共进晚餐……

其实，很多人之所以会生活得幸福、快乐，并不是他拥有得多，而是因为他计较得少。**怀着豁达的心态，适时地给自己的人生做些清扫，迈着轻盈的脚步走在没有负累的人生旅途中，轻松、从容地欣赏沿途的风景。**及时地清扫就会减去疲惫、烦恼和负担。

其实，我们可以不要车子、票子、房子，一份平安已经足够；我们可以不要灯红酒绿、轻歌曼舞，一份恩爱就已足够；减少一次骄奢淫逸，心灵就会多一份纯净；减少一次诽谤嫉妒，生命的空间与道德的高度就会得到一次提升……

及时给人生来个大扫除，除去欲望、贪婪，给心灵留一份纯净，还身心一个似水的灵动空间。

幸福锦囊

◆ 在人生的各个阶段，我们都需要进行大扫除，放下包袱，寻找减轻负担的方法，分清该丢弃的与该留下的。

◆ 你可以列出清单，决定背包里该装些什么。但是，记住，在每一次停泊时，都要清理自己的口袋，把更多的位置空出来给真正需要的东西。

◆ 人生大扫除是一个挣扎与奋斗的过程。你只有下定决心，丢弃拖累你的负担，你才会快乐。

生命中的鸡毛蒜皮，无须劳神计较

华丽常常伴随着伟大，幸运更经常地来自于简单。

——威·沃森

鲁迅和林语堂是中国文坛举足轻重的人物，他们原本是意气相投的好朋友，两人曾经在上海北四川路横滨桥附近的一个处所同住。

有一天晚上，鲁迅跟林语堂二人在住所高谈阔论，正谈得尽兴之时，鲁迅把吸完的烟头随手一扔，谁知烟头不偏不歪，正好落在了林语堂的蚊帐上，蚊帐很快就被烧掉了一个角。

这原本也是鲁迅的无心之失，但林语堂却因此十分不悦，厉声责怪了鲁迅。鲁迅觉得林语堂小题大做，为了一顶蚊帐竟然发这么大的火，太伤人了。

一气之下，鲁迅便顶撞林语堂说："完全烧了又能怎样，一共也不过五块钱罢了！"两人就这样争吵了起来。

这两位名人，一个是国内外享有盛誉的"幽默大师"，一个是举世公认的"文坛巨匠"，却因为一件微不足道的小事而大伤和气，自此绝交，无疑是令人遗憾的。

两千多年前，雅典政治家伯利克里曾经说过这样一句话："请注意啊！先生们，我们太多地纠缠于一些小事了！"这句话，对今天的人们来说仍然值得品味和借鉴。对于很多人来说，生活就是由鸡毛蒜皮的小事组合而成的。每个人的生活中，小事都是无处不在、无时不有的，如果你过多地拘泥和计较小事，生活可能就没有什么乐趣可言了。

仔细想一想，当你乘坐公共汽车时，有人不小心踩了你的脚；当你在食堂吃饭时，有人无意间把饭菜撒到了你的身上；当你在街上，有人骑自行车不小心撞到了你……你会怎么办？火冒三丈、大发雷霆？还是大事化小、小事化了？这时，明智的选择应该是后者。我们的生活，正是由许许多多鸡毛蒜皮的小事构成的，如果对每一个细节都过于计较，那么人生就

只能有无尽的烦恼。

正所谓世间本无事，庸人自扰之，思虑太多，就会失去很多快乐。如果我们每个人都能够以更为开阔的心胸和乐观的心态看待生活中的琐事，那么我们就不会有那么多的烦恼了。

有位哲人说过，“智慧是一种烦恼”，**思虑太多，快乐也就不复存在。**古代诗人喜欢把头发比喻成三千烦恼丝，剪不断，理还乱。反之，如果你能够以开阔的心胸，平和的心态坦然面对生活中的鸡毛蒜皮，自然就能够拥有柳暗花明又一村的美好心情。

一群好朋友，原本高高兴兴地去参加聚会，饭桌上，大家兴高采烈地谈天说地，突然间，盘飞菜溅，大伙乱成了一团。究其原因，原来是甲开玩笑说乙怕老婆，唯老婆的话是听，老婆说让东，他不敢往西……乙认为甲的话伤了自己的自尊心，一定要讨回面子。于是上演了一场全武行。一个小小的玩笑演变成你嚷我叫的撕扯，实在让人尴尬。

世上有许多类似的情节，皆因一句话、一个小举动而大动肝火，弄得朋友反目成仇，到头来失去朋友、断了交情，真是得不偿失。

人生之事，只要不是原则性的大事，何必太计较呢？人生一世，理应开朗、豁达、超脱；凡事斤斤计较，只会徒增烦恼。

所以，从现在开始，别再为那些鸡毛蒜皮的小事劳神了，请把精力放在值得做的事情上，这才是聪明的做法。

幸福锦囊

◆ 生活中，击垮人们的有时不是那些灭顶之灾，而是一些微不足道的、鸡毛蒜皮的小事。

◆ 很多人之所以一生一事无成，很大一部分的原因是他们将时间和精力消耗在了那些鸡毛蒜皮的小事上。

◆ 人生苦短，千万别因小事而浪费了自己的人生，千万别因小事而忘记了人生大事。

收拾复杂心绪，还自己简单的小幸福

在五光十色的现代世界中，应该记住这样古老的真理：活得简单才能活得自由。

——刘心武

人们都希望过快乐幸福的生活，因此，很多人都在追求幸福的道路上奔跑，但是，大多数人都忘记了一点，那就是：**幸福与快乐源自于心灵的简单。**

有一年，某地发洪水，一个农民从洪水中救起了他的妻子，但他的孩子却被淹死了。事后，人们议论纷纷。有人说他做得对，因为孩子可以再生一个，妻子却不能死而复活。有人说他做错了，因为妻子可以另娶一个，孩子却没法死而复活。

有一个记者听说了此事，特地去采访农民：“你为什么救起了妻子，而没有去救孩子呢？你当时是怎么想的？”

农民听了，愣了一下，旋即回答道：“当时我大脑里一片空白，什么都没有想。那时候洪水来得很猛，妻子就在我身边挣扎，于是我一把抓起妻子就往山坡上游去，等到我把妻子安置好，再返回来时，孩子已经被洪水冲走了。”

其实，很多事情，并没有我们想象的那么复杂，简单是一种最睿智的生活方式。在救人之前，那个农民如果进行一番抉择的话，事情的结果会是怎样呢？洪水来势汹汹，妻子和孩子都被卷进漩涡，片刻之间就会失去性命，农民此时还有时间去思考，是妻子重要，还是孩子重要？

随着年龄、阅历的增长，人们思考的事情越来越多，心灵也越来越复杂，但生活其实是十分简单的。**保持简单的生活方式，不因外在的影响而痛苦抉择，便会生活得幸福、快乐。**

星美的邻居是一对老夫妻，老两口如今都七十多岁了，但依旧很恩

爱。星美很羡慕他们，经常跟他们聊天，也渐渐地知道了他们的故事。

这对老夫妻是上世纪60年代末期认识的，那时候粮店里的米、副食店里的肉、豆腐和百货店里的肥皂、布匹，以及煤铺里的煤等生活物资均要凭票供应，普通人家的生活清苦至极。当时，男方家在城郊，父母都不在了，只有他一个人，但有自己的小菜园子。他们两人是通过媒人介绍认识的。

女方第一次去男方家，男方留女孩和媒婆吃午饭。菜很简单，只有两道：一盘炒鸡蛋，一盘醋熘萝卜丝。其中，鸡蛋是向邻居借的，萝卜则是自己种的。

在回去的路上，媒婆告诉女孩，说男方又穷又小气，不是一个值得托付终身的人。媒婆还告诉女孩，要给她介绍家庭条件更好的男孩子。但女孩却说男孩炒的萝卜丝很好吃，而且家里虽然简陋，但是收拾得很整洁，说明他很能干。

过了一段时间，女孩独自来到男孩家里，刚好，男孩在河边捞了一些小鲫鱼。中午，招待女孩的菜仍然是两道：一盘油煎鲫鱼，一碗红烧萝卜。吃饭时，女孩称赞男孩的萝卜做得很有特色，并说自己很喜欢吃萝卜。男孩很开心，告诉女孩，以后要请她吃另外一种口味的萝卜。

在后来的交往中，女孩尝到了不同口味的萝卜：清炒萝卜、清炖萝卜、白焖萝卜、糖醋萝卜、麻辣萝卜、萝卜干和酸萝卜等。再后来，女孩就成了这些萝卜的“俘虏”，嫁给了男孩。

有一次，星美遇到了老太太，星美问她：“当时你为何不嫁给那些条件更好的人，却嫁给了一个只会烹饪萝卜的人呢？”老太太笑了：“其实，我看中的是他这个人，你想啊，在那样清贫的日子里，他一个大男人竟然够把普通的萝卜烹饪出甜酸苦辣咸很多不同的口味，说明他能够将清贫的日子过得有滋有味。谈婚论嫁，既要注重眼前，更要注重将来。现在，我和他结婚这么久了，无论遇到什么，他都能替我遮风挡雨，这些年，我们几乎没有吵过架。日子虽然过得简单了一点，但简单中更能见真情啊！”

简单的生活是快乐的源头，为我们去除了许多烦恼，也为我们身心的

解放开拓了更大的空间。

用过电脑的人都知道，在系统中安装的应用软件越多，电脑运行的速度就越慢，在使用的过程中，还会产生大量的垃圾文件，如果不及时清理，不仅会影响电脑的运行速度，甚至还会导致死机。所以必须定期删除多余的软件，清理垃圾文件，这样才能保证电脑的正常运转。

我们的生活和电脑系统十分类似，如果你想过一种幸福快乐的生活，就不能背负太多不必要的包袱，要学会删繁就简。

幸福锦囊

◆ 简单生活并不是要你放弃追求，而是以四两拨千斤的方式，去除世俗浮华的事情。

◆ 不依附权势，不贪求金钱，心静如水，无怨无争，拥有一份简单的生活，也是一种很惬意的生活。

◆ 简单的生活，意味着你不必挖空心思去追逐名利，不必在意别人看你的眼神，心灵没有锁链，快乐而自由，你可以随心所欲，想哭就哭，想笑就笑……

◆ 当你不需要为外在的生活花费更多的时间和精力的时候，也就为生活提供了更大的空间与自由。

给心灵留白，让浮躁的心安静下来

当你简化你的生活，宇宙的法律将更加简便；孤独不会孤独，贫穷不会贫穷，也不虚弱无力。

——梭罗

人人都渴望自己的生活惬意、轻松，但世事难料，生活中总有这样那样的烦恼——工作的压力、奋斗的挫折、情感的伤害……都让我们的心灵不堪重负。

小玲跟琪琪抱怨，说自己每天都忙忙碌碌的，几乎把大部分的时间交给了工作，没有时间去做自己真正喜欢的事情。她说自己活得很累，每天像一只不停旋转的陀螺，神经每时每刻都紧绷着，或许哪一天轻轻一碰就会扯断。

小玲说她很羡慕琪琪，因为小玲感觉琪琪总能很从容地处理日常生活和工作中的事情，还能留出时间做自己喜欢的事。

琪琪问小玲："你干吗那么拼命工作呢？"

小玲听了很不解地说："我去年刚贷款买了房，现在每月的房贷压得我喘不过气来，而且，身边大多数人都买了车，而我还每天挤公交车上下班，我每天都觉得别人看我的眼神怪怪的，我已经想好了，今年努力工作，多攒点钱，争取年底的时候买一辆车……"

想来，这不是很多人的通病吗？生活中，总有这样那样的欲望诱惑着我们，于是我们拼命努力，为的是让自己过上更好的生活。但是，生活中的种种不如意让我们脆弱的心灵不堪重负。有一个十分贴切的比喻，说生活与心灵好比一幅浓妆淡抹的水墨丹青，过分复杂拥挤的构图，会破坏它原有的韵致，只有在宽阔的天地之间留出足够的令人遐想的余地，才能充分显出那份有分寸的美丽。

我们的身体需要劳逸结合才能健康，同样，我们的心灵也需要适当地休憩。所以，当你心灰意懒疲惫不堪时，有必要为自己留出一方不受打扰的地方，给心灵一段完全没有压力与约束的时间。什么都不去想，让那颗疲惫的心，享受片刻的空白，重新寻找到迷失的自我。在这个过程中你可以将头脑中的忧虑、不安、沉重、憎恶等不良情绪"清空"，取而代之的是愉悦、安定、轻松、满足的心境。

成功学大师卡耐基曾在拉赖因号轮船上举办过一场演讲会。他在演讲中说道，**"当你感觉到内心有压力和烦恼时，不妨走到船尾去，把烦恼的事一一说出，然后把它们抛掷到汪洋大海中，注视着它直到它消逝不见。"**

这个建议乍听起来仿佛有一点荒诞和幼稚，但是当晚却有一个人跑来对他说："我按照你的话去做了，结果心里非常舒畅，这实在是件令人吃惊的事呀！"这人还继续说道："待在船上的这段时间里，我将天天在日落的时刻，把一切恼人的烦忧抛入大海，直到自己觉得完全没有一丝烦恼为止，同时我将日日注视着这些烦恼消失于时间的大海里！"

很多时候我们会被各种各样的烦恼困扰，为自己的前途忧虑，为父母的身体担心，为孩子选择什么样的学校而心焦……所有的时间都排满了。很多人都有这样的感慨：我们什么时候能够有自己的时间？什么时候能够不被烦恼所左右呢？事实上，我们终日忙忙碌碌的，到头来却发现自己需要的东西一样也没有得到，抑郁、不满、愤懑就会充斥心间，于是生活变得一团糟。

事实上，无论多忙，我们都应该抽出一段时间给心灵放个假，什么都不去想，只是做自己喜欢的事情。为自己找点小快乐，享受一种无拘无束的惬意。

给心灵留白，让浮躁的心灵安静下来，让世俗的喧嚣远去，如此，才能以平静的心态去面对人生种种境遇；以真善之法对待别人，从而获得心性上的自由，活出生命的精彩和幽雅。给心灵留白，是一次短暂的休憩，而非结束。给心灵留白，是卸下重负之后的整装待发。如此，我们就能以一种超然、豁达、宽容的态度，在人生的道路更好地前行。

幸福锦囊

◆ 面对烦恼，要想有一颗平和的心，有一个很好的办法，那就是适当地为自己的心灵留白，让自己的内心保持一定的余裕。

◆ 当一个人独处的时候，试着脱下虚伪的躯壳，放上一段舒缓的旋律，添一缕淡淡的咖啡香。闭上双眼，你会发现，幸福原来很简单。

◆ 我们必须保留属于自己的后厢房，自在的在那里营造属于我们的真正的自由，以及退隐和孤寂。

第九章
转个弯，才能找到上坡的路

人生的道路，有时候需要直行才能到达目的地，有时候，直行会碰到死角，这时就需要转弯，只有这样才能找回正确的道路。但是，很多人却往往执著于这样的念头——不撞南墙不回头，不到黄河心不死，只是一味地向前走，却忽视了人生的道路上的死角，只有懂得转弯的人才能最终到达目的地。

人生处处有死角，要懂得转弯

生活不是单行线，一条路走不通，你可以转弯。

——梭罗

在人生的路上，只要能到达目的地，就不必非要执著于一条路。有时候，转个弯，才能找到正确的方向。

有两个好朋友一起去拜访一位德高望重的禅师，一阵寒暄后，其中一个人向禅师诉苦："大师，我的上司总是喜欢找我的茬，无论我怎样努力，都得不到他的认可。现在我每天上班都提心吊胆的，很痛苦，禅师，你说我该怎么办？"听了这个人的话，禅师笑了笑，没说什么。这时另一个人也开口了："禅师，我也是，在办公室里被其他的同事排挤，每天我都形单

影只，我是不是该辞掉这份工作呢？”

对于两个人的提问，禅师没有马上回答，等了一会儿，他吐出了五个字：“不过一碗饭。”

听完禅师的话，两个人有点丈二和尚摸不着头脑，想问禅师到底是什么意思，但禅师却再也不肯说了，摆摆手叫他们回去，二人只好作罢。

回去的第二天，其中一个人递了辞呈，开始自己创业，另一个人却留了下来。

时间过得很快，五年的时间过去了。自己创业的那个人，凭借着自己的努力，建立了自己的公司，如今公司已颇具规模；而留在原公司的那个人，他忍气吞声，默默地学习，后来也渐渐地受到了上司的器重，成了公司的副总。

有一天，两个人相遇了，在相互交谈中得知了各自的近况。

“奇怪！师父给我们同样‘不过一碗饭’这五个字，后来回去后我就想，不过一碗饭嘛！日子有什么难过？何必非待在那个公司受气呢？所以就辞职自己创业。”创业者说，“对了，你怎么没听师父的建议呢？”

“我听了啊！”副总笑道，“师父说‘不过一碗饭’，当时我就想，不过为了混碗饭吃，老板说什么是什么，少赌气、少计较，就成了！师父不是这个意思吗？”

两人疑惑不解，于是又一起去拜望禅师，禅师已经老了，听了他们的话，隔了半天，答了五个字：“不过一念间。”然后，挥挥手让他们走了。

同样的一句话，两个年轻人有了自己不同的理解，并因此寻找到了各自不同的生活方式，一个选择继续直行，在原来的公司得到升职，成为副总；而另一个则选择了在原来的道路上转个弯，从别处寻觅自己生命的价值所在。

在人生智慧中，转弯是一种高妙的艺术。所谓殊途同归，若都是为了寻找生命中的快乐与生活的意义，又何必非要走那一条路呢？适当转个弯，虽不是绝处逢生，却也能在陌生的地方领略到更美的风景。

伟大的科学家牛顿早年就曾是永动机的追随者。在进行了大量的实验，失败之后，他很失望，但他很明智地退出了对永动机的研究，在力学研究中投入更多精力。最终，许多永动机的研究者默默而终，牛顿却在其他方面脱颖而出。

因此，当生活中遇到死角的时候，要立即收住脚步，检查原因，调整方向，从而打破桎梏，延伸视野，拓展新的思考空间。

“在战场上，有时候要勇敢地向前冲锋，有时也要采取迂回战术；开山辟路，想要达到峰顶，必得有九弯十八拐，不经迂回，不能直上。”在人生的直行道上转个弯，纵然道路崎岖，前路难卜，但曲径通幽处，总是别有洞天。

人生总会碰到死角，在这个时候，应当换个角度考虑问题。生活中许多事情往往都要转弯，路要转弯，事要转弯，命运有时也要转弯。转弯是一种变化与变通，转弯是调整状态，也是一种心灵的感悟。生命就像一条河流，不断回转蜿蜒，才能克服崇山峻岭，汇集百川，成为巨流。生命的真谛是面对现实环境，是懂得转弯和迂回，而不是直撞或逃避。

幸福锦囊

◆ 变通是一种智慧，在善于变通的世界里，不存在困难这样的字眼。

◆ 当客观环境无法改变时，改变自己的观念，学会变通，才能在绝境中走出一条通往成功的路。

◆ 人的一生，总要经风历雨，横冲直撞、一味拼杀是莽士，运筹帷幄、懂得变通才是智者。

想掬一捧清泉，只需换个地方打井

穷则变，变则通。

——《易经》

人人都渴望成功，但成功并不是一件容易的事情。有时候，成功就像打井，如果在一个地方总打不出水来，这时，就该考虑或许是打井的位置不对，此时需要及时调整，去寻找一个更容易出水的地方。

尝试着换个地方打井，也同样会觅到甘甜清冽的泉水。

从前，有一位少年，他的梦想是当一位作家，因此，在他上学的时候就阅读了大量的文学作品，并暗下决心：长大后一定要成为一位作家，写出好的作品来。

但是，少年上高中的时候，家中发生了一场重大的变故，他不得不中途辍学，回家当了农民，但是他从来没有放弃过自己的梦想。他十年如一日地努力着，坚持每天写作。每当他写完一篇文章，总要再三地修改，直到他觉得已经很好了，才重新誊写在一张干净的纸上，然后满怀希望地将文章寄往远方的报社和杂志社。可是，那些寄出去的文章就如同泥牛入海，没有一点回音。好多年过去了，他从没有只字片言变成铅字，甚至连一封退稿信也没有收到。

终于，在他快要绝望的时候，他收到了第一封退稿信。那是一位他多年来一直坚持投稿的刊物的总编寄来的，总编写道："这些年来，我林林总总收到了你的很多文章，你的文章，每一篇我都认真看过，看得出，你是一个很努力的青年。但我不得不遗憾地告诉你，你的知识面过于狭窄，生活经历也显得相对苍白，要想成为一名作家，恐怕还要有一段很长的路要走，而且这条路不一定能行得通，所以我建议你不要再在这条路上执著。另外，我想告诉你的是，我从你多年的来稿中发现，你的钢笔字越来越出色，或许你该尝试着走另外一条路。"

看完总编的来信，他心中久久不能平静。考虑再三，他决定听从总编的建议，改练书法。后来，他成了有名的硬笔书法家。

我们每个人都有自己独特的、与众不同的才能和心智，因此，我们每个人都要找到一个适合自己的事业。假如你在一条道路上竭尽全力拼搏之后仍旧不能如愿以偿，就应该考虑换条道路了。

不管从事何种职业的人，都必须充分认识、挖掘自己的潜能，确定最适合自己的发展方向，否则既虚度了光阴，又埋没了才能。

美国著名作家马克·吐温曾经做过生意。第一次他从事打字机的投资，因受人欺骗，赔了19万美元；第二次他又听从别人的建议开办出版公司，因为是外行，不懂经营，又赔了10万美元。两次共赔了将近30万美元，不仅把自己多年辛苦攒下的稿费赔个精光，还欠了一屁股债。

此后，马克·吐温消沉了很长一段时间，他的妻子深知丈夫没有经商的才能，却有文学上的天赋，便鼓励马克·吐温重新振作精神，继续走上创作之路。后来，马克·吐温摆脱掉了失败的痛苦，在文学创作上取得了辉煌的成就。

生活中，有很多人每天做着自己不喜欢的工作，满腹牢骚，但是却从来没想过要改变，而是得过且过；但是有一部分人，当他们发现目前的工作并不适合自己时，就会痛下决心，果断地告别待遇不错的“铁饭碗”，去开创属于自己的天地。

有人曾经做过一项调查，发现有28%的人正是因为找到了自己最擅长的职业，才彻底地掌握了自己的命运，并把自己的优势发挥到淋漓尽致，这些人自然而然就成为了成功人士；相反，有72%的人正是因为不知道自己的“对口职业”，而总是别别扭扭地做着不擅长的工作，却又不敢换个地方。因此，不能脱颖而出，更谈不上成大事了。

当你执著于在某个地方打井的时候，甘甜清冽的泉水或许就在你的身后。有时，为探寻真正的人生甘泉，我们需要时刻准备，去勇敢地换个地方“打井”。

幸福锦囊

◆ 人生总是充满了坎坷和挫折，当你失败的时候，请不要灰心，也不要抱怨，转个弯试试，或许会有另一番广阔的天地。

◆ 及时为人生掉个头，你会欣赏到另一种精彩绮丽的美景。

失败时，不妨换个角度思考

失败往往是黎明前的黑暗，之后出现的就是成功的朝霞。

——霍奇斯

现在的物质生活越来越丰富，可有不少人却因为承受不了失败的压力，选择终结自己的生命，这是非常愚蠢的做法。现实生活中，我们难免会遭遇失败，这个时候我们就要学会换一种方式来看待失败。

爱迪生发明电灯的时候，共做了一万多次实验。电灯发明之后，曾经有一位年轻的记者问他："爱迪生先生，在发明灯泡的过程中，你失败了那么多次，你是怎么坚持下来的？是什么样的信念让你获得了成功？"爱迪生回答说："年轻人，因为你人生的旅途才刚刚起步，所以我告诉你一个对你的未来很有帮助的启示：我并没有失败过一万多次，只是发现了一万多种行不通的方法。"

正是这种换个角度看问题的方法，成就了举世闻名的发明家。

人生当中，失败和挫折是在所难免的，不同的是失败者总是会被失败击倒，每一次失败都会深深打击他取胜的勇气；而成功者面对失败，则会告诉自己：我不是失败了，只是还没有成功。一个暂时失败的人，如果继续努力，打算赢回来，那么他今天的失败，就不是真正的失败。相反，如果他失去了再战斗的勇气，那就是真的失败了。

有一年风调雨顺，大多数农人都十分开心，“今年风调雨顺，庄稼肯定会长得很好。”但是有一位老农却闷闷不乐，他的儿子很奇怪：“爹，今年风调雨顺，地里的收成肯定很好，你为什么不开心啊？”老农开口了：“不一定。如果现在风调雨顺，庄稼的根只能长在浮土里，万一以后遇到大风暴雨，它们就很容易被毁了。而如果开始时天气恶劣，庄稼必然生出很壮很深的根，这样才能接触到地下的水分和养料，即使日后刮大风、下大雨，它们也能挺住，活下去。”

庄稼只有经历了恶劣的生存环境，才能生长得更好，才能更好地应对日后的风雨。人生也是一样的，**只有经历了失败和挫折，人们才会变得更加坚强。**

人的一生，不可能只有胜利和成功，也会经历磨难，遭受挫折和失败；从另一种意义上说，失败其实也是人生的财富。因为经历失败会让你明白失误在哪里，会让你在以后避免同样的失误。其实，**失败是在为成功积累经验，**就像爱迪生说的：“我并没有失败过一万多次，只是发现了一万多种行不通的方法。”因此，不要再惧怕失败，失败时，换个角度去看问题，你会有不一样的发现。

很多人认为，失败是人生的绊脚石，但是对于人生来说，绊脚石其实也是“垫脚石”，换个角度看待失败，你的人生会更加明朗。

丹麦著名的物理学家玻尔，在成功创建著名的“哥本哈根学派”后，有人问他：“您创建了一个世界一流的物理学派，请问您有什么秘诀？”玻尔回答道：“因为我不怕在学生面前显露我的无知。”

玻尔的回答令人吃惊，但是仔细想想，也不无道理。对于很多老师来说，在学生面前显露自己的无知是失败的表现，但是也正是这种“失败”迫使自己学习更多的知识，对知识进行更深入的研究、探索，从而使自己的水平更上一个台阶，这失败难道不是“垫脚石”吗？换一个角度对待失败，换一个角度对待“绊脚石”，你会发现成功的光芒正在不远处闪烁。

俗话说，“失败乃成功之母”。没有失败就难以把握成功的方向，不

被绊倒怎会知道这条路行不通呢？在成功之光闪耀之前，我们只能在黑暗中摸索，跌跌绊绊在所难免，那些所谓的“绊脚石”，就像一个个的路标，不断地修正着我们前进的方向，让我们更快地走向成功。

相同的问题采用不同的处理方法，会产生截然不同的效果。面对失败，换个角度去看，就会改变你的人生。老子曰：“祸兮福之所倚，福兮祸之所伏。”凡事都是相对而言的，要用辨证的思想去看待成与败。上帝在为我们关上了一扇门的同时，也会给我们打开了一扇窗。以一颗乐观、积极向上的心面对人生的挫败，你会有不一样的感悟。

请不要惧怕失败，换个角度，绊脚石就会成为你迈向成功的阶梯。换个角度看问题，会让你心境开阔，领悟真正的人生。

幸福锦囊

◆ 年轻的时候经历一些失败是好事，至少会让我们懂得人生不容易。

◆失败有时反而更能激发我们的斗志，让我们树立竞争的意识，这对于我们来说也是一种收获。

果敢放弃，不留丝毫犹豫和留恋

懂得放弃，才能有更美好的未来。

——巴尔扎克

俗话说，“条条道路通罗马”。同样的一件事情，解决的方法有很多，我们可以任选一种。坚持不懈固然重要，但是当你发现自己选择的道路错误的时候，就应该果断地放弃，去寻找另外一条道路，否则只能离目标越

来越远。

很多人都知道“愚公移山”的故事，有人钦佩愚公执著的干劲，但也有人对愚公持质疑态度：既然屋前有太行、王屋两座大山当道，那何不搬家呢？只要搬一次家，子孙后代就不会再遭遇同样的难题了。

在生活中，有人永不言弃，最终却撞得头破血流。其实，**当发现一条道路行不通时，果断地放弃也不失为明智之举**。只有这样，我们才能“柳暗花明又一村”。

有一位大学生每晚都有听收音机的习惯，他渐渐地喜欢上了电台的播音员，他告诉别人：“每当听到她那甜美的声音时，我就会十分兴奋。如果有哪天听不到她的声音，我就会怅然若失。”于是，在大家的鼓励下，他鼓起勇气给那个播音员写了一封求爱信，但播音员收到信后，简单的回复了他，告诉他自己已经有了男朋友。

大学生收到信后，痛不欲生，十分苦恼，于是他写了一封血书，来表达自己的痴情，但播音员不为所动。

后来，大学生找老师诉苦，跟老师讲了自己心中的苦闷，老师听完后只说了四个字——果断放弃！

明知道没有结果的爱情，还去痴痴地追寻，到头来伤害的不过是自己，此时，何不果断地放弃，潇洒走人呢？

有一位诗人说过：“不能把握的东西我们必须泰然地放弃，不论是诗，是自然，或是七彩斑斓的情意。”生活是丰富多彩的，可以追求的东西很多，但如果一味地纠缠在那些毫无结果的东西上，势必走入死胡同。

人的生命是有限的，执著是一种精神，放弃是一种勇气和境界。生活中，面对那些得不到的或不该得的，就该果断放弃。

很多人认为，放弃是一种消极的做法。事实上，它是一种积极的人生态度，因为我们只有果断地放弃一些小的利益，才能求得更长远的发展。就像我们坐错了公交车，此时我们要做的就是马上下车，否则就会离目的地越来越远。

生活中，有很多人做事非常认真，勤勤恳恳、任劳任怨，按理说这

样的人应该能够成功，但事实却恰恰相反，他们的生活一塌糊涂。究其原因，就是因为他们固执地守着自己那块耕种已久，但荒芜贫瘠的“土地”，他们不愿意放弃，因此，即使再努力，他们也难有大的成绩。

有实验者将六只蜜蜂和六只苍蝇同时放进一个透明的玻璃瓶中，然后将玻璃瓶横着放倒，瓶底朝向阳光。开始时蜜蜂和苍蝇都积极地向着有阳光的地方飞，但每次都只能撞到瓶底。后来苍蝇开始胡乱瞎撞，试图尝试所有可能的方向，而蜜蜂依旧一遍又一遍地撞向瓶底。不到两分钟，所有的苍蝇都成功从背光的瓶口飞了出去，而蜜蜂却仍在向有阳光的瓶底撞去。

此路不通时就要果断放弃，聪明的苍蝇正是果断地选择了放弃，另辟蹊径，才最终飞了出去。

人生的路上，当我们发现此路不通的时候，没必要非得费尽心思地一味坚持下去，那样不仅耗费了你的精力和时间，甚至让你筋疲力竭。这时候，我们要果断放弃，然后选择其他的道路，这才是明智的选择。

幸福锦囊

◆ 适时的放弃也是一种明智的选择。

◆ 正确的坚持是执著的表现，而错误的坚持只不过是固执的代名词。

第十章
别在爱的执著中迷失自我

很多事情，只有亲身经历过才会明白。一如感情，只有痛过才会懂得保护自己；只有受伤之后，才明白一味地执著、坚持不一定是正确的，适时地放手，或许才是最好的选择。其实，生活并不需要这么多无谓的执著，生活中并没有什么是不能割舍的。只有学会放手，学会朝前看，生活会更加美好。

缘分不可强求，是聚是散都应随缘

在爱情的问题上，往往没有谁对谁错，爱情只是一种缘分。缘至则聚，缘尽则散。能够结为夫妻并相伴到地老天荒，那是珍贵的不尽缘。

——佚名

曾经在网络上看到过这样一段话：在对的时间里遇见对的人，是一种幸福；在对的时间里遇见错的人，是一种悲伤；在错的时间里遇见对的人，是一声叹息；在错的时间里遇见错的人，是一种无奈。人们常说，一切随缘。其实，**缘分是一种可遇而不可求的东西，其珍贵程度不亚于黄金珠宝**。有些东西，该是你的就是你的，不该是你的即使强求也无法得到。

从前，有个书生在市集上邂逅了一位美丽的女子，他俩一见钟情，并约定三个月后结婚。

但是还没有到约定的日期，未婚妻却成了别人的新娘。书生听到消息，犹如晴天霹雳，备受打击，一病不起。眼看着书生的身体一天天地衰弱，家人请了很多医生，但都无能为力。

这天，路过一个云游僧人，从书生家人那里得知了情况，决定点化他一下。

僧人来到书生床前，从怀里摸出一面镜子叫他看。

书生看到，在茫茫的海滩上，一名遇害的女子一丝不挂地躺在那里。

后来，有一个人路过，看到遇害的女子，摇了摇头，叹着气走了……

又有一个人路过，看到遇害的女子，他走上前去，将自己的衣服脱下，给女尸盖上，也走了……

这时，又有一个人路过，他看到遇害的女子，便走过去，在沙滩上挖了一个坑，小心翼翼地把尸体掩埋了……

书生百思不得其解，不知道僧人给自己看这些用意何在。正疑惑间，画面切换，书生看到自己钟爱的美丽女人在洞房花烛之夜，被她丈夫掀起盖头的瞬间……书生不明所以。

僧人解释道：“那具海滩上的女尸，就是你喜爱过的女人的前世，你是第二个路过的人，曾给过她一件衣服。她和你相恋，只为还你一个情。但是她最终要报答一生一世的人，是最后那个把她掩埋的人，那人就是他现在的丈夫。”

书生听后，恍然大悟。不久，他的病就痊愈了。

人们常说，命里有时终须有，命里无时莫强求。关于爱情，甚至是世间的一切，最好本着一颗“得之我幸，不得我弃”的平常心。

情海中，缘分来来去去，更只在一念之间：有心，即有缘；无意，即无缘。缘分是个抽象的概念，它摸不着，看不见。人与人之间的相识相知，无不是因为他们之间的那一份缘。缘分不能刻意追求，刻意追求来的

东西是无缘分可言的，有可能也是没有结果的。

人生之中，你孜孜以求的缘，或许终其一生也得不到，而你不曾期待的缘，反而会在淡泊宁静中不期而至。就像生活中，有时候急需一件物品，可是倾尽全力也找不到，最后却发现原来它一直在自己的身边，只是找到时，自己已不再需要它。生活中，有些东西是无法永远掌握在自己手中的，那么便让它们随风而逝吧。一切顺其自然，免得苦苦追寻的那一份缘，到手后，却发现跟自己心中的相差甚远。想放弃，又舍不得，反而会影响自己前行的脚步。

人都说：缘分天定。很多的偶然、巧合和邂逅，让人感觉似乎冥冥中确实有一股力量存在。要知道，缘分是抓不住的。一个“抓”，已经有了一份刻意，缘分只能用心去领会、感悟。缘分来去匆匆，你感到它来时，那是一阵惊喜；如果它走时你才感觉到，那是一种惆怅和悲伤。缘分逝去了便不会再来，你只能遗憾一辈子。记住：缘分是一种自然，不是刻意。

古语云：“有缘千里来相会，无缘对面不相识。”**所谓缘分就是让呼吸者与被呼吸者、爱者与被爱者，在阳光、空气和水之中不期而遇。**有缘分的人是幸福的。

“十年修得同船渡，百年修得共枕眠。”人世间有多少人能有缘从相识走进相爱，从相爱走到相守，走过这酸甜苦辣、五味俱全的漫漫一生呢？红尘看破了不过是沉浮；生命看破了不过是无常；爱情看破了不过是聚散罢了。而在聚散离合之间，又充盈了多少悲欢交集的缘分啊。

爱情讲究缘分，但缘分在于把握和珍惜。真正惜缘的人，会认为它是来之不易的，是上天给予的恩赐，从而倍加呵护。

幸福锦囊

◆ 爱是一份缘，缘分始于漫不经心的追寻，却经不起漫不经心的等待，它需要缘分两端的人去珍惜。

◆ 缘分无需等待，也无需刻意追求。她要来的时候自然会来，因此不必翘首以待，望穿秋水，只要用心去感觉就可以了。

◆ 每一份缘都是难得的，求不来的，但是当缘分来到你身边的时候，要学会珍惜。

感情如同手中的沙子，攥得越紧越容易失去

爱情就像在银行里存一笔钱，能欣赏对方的优点，就像补充收入，容忍对方缺点，就是节制支出。所谓永恒的爱，是从红颜爱到白发，从花开爱到花残。

——培根

拥有一份浪漫美好的爱情是人所向往的，但是，很多时候，**你越是想得到对方的爱，越是想要他（她）时时刻刻不与你分离，他（她）反倒越会远离你，甚至背弃你们的爱情。**你多大幅度地想拉他（她）向左，他（她）就会多大幅度地向右荡去。

很多人都有这样的困惑：为什么我紧紧地想要抓住我们之间的爱情，结果却适得其反呢？其实很多人都忽略了一点：**爱的真谛不是约束，更不是占有，而是给予对方自由呼吸的空间。**如果你因害怕失去爱情而紧紧地握住它，不给它任何自由，伤害他（她）的同时也会伤害你，只有让爱自由地呼吸，爱情之树才能长得枝繁叶茂。

海滩上，一个即将出嫁的女孩，向母亲请教幸福婚姻的秘诀：“妈妈，婚后我该怎样把握爱情呢？”

“傻孩子，爱情不是用来把握的。”母亲告诉她。

“爱情为什么不能把握呢？”女孩疑惑地追问。

母亲听了女孩的问话，笑了笑，从沙滩上捧起一捧沙子，送到女儿的面前。女孩发现母亲那捧沙子的手里，圆圆满满的，没有一点流失，没有一点撒落。接着母亲用力将双手握紧，沙子立刻从指缝间泻落下来。当母亲再把手张开时，原来那捧沙子已所剩无几，其团团圆圆的形状，也早已被压得扁扁的，毫无美感可言。

女孩望着母亲手中的沙子，若有所悟。

原来**爱情需要空间，握得越紧，失去的反而越多。**

我们每个人都是一个独立的个体，即使拥有爱情之后也并不会改变这种根本上的独立性。每个人都渴望自己有相对独立的空间，但是生活中，很多人却不明白这个道理，以为爱一个人就是拥有这个人的全部，结果密不透风的“爱”，往往把爱人吓跑。爱太多、太密，反倒成了加在爱人身上的“枷锁”。

很多情侣走进婚姻的殿堂之后，不懂得区分恋爱与婚姻之间的差别。尤其是很多女性，结婚后仍然希望自己的丈夫像热恋时一样与自己如胶似漆、形影不离。但**生活中的一些事情常常是相反的：一味地希望关系亲密如胶，会让爱人感到窒息，反而会逃得更快。**

常常听结过婚的人谈起自己婚后生活的不顺心，结婚的时候明明是十分相爱的两个人，婚后却很难生活得快乐，为什么两个人都极为珍视的结合最后会成为感情的障碍？为什么为了更好地拥有对方而结婚却使两人隔得越来越远？下面的这个故事，或许会对你有所启发。

小邹和老公结婚八年了，夫妻俩一直都很恩爱，身边的人都很羡慕小邹幸福的婚姻。一次，邻居小李羡慕地对小邹说：“邹姐，我真羡慕你们俩现在还这么恩爱。”

小邹听完小李的话，笑了笑：“虽然我们现在这么恩爱，但是刚结婚

的时候也闹过别扭，那时候差点离婚呢。”

小李听了很诧异：“不会吧？！”

“刚结婚时我也不懂如何经营婚姻，那时候我很依恋他，想时时刻刻跟他在一起。他当时还是一名销售员，每天在外奔波。一到下班的时候，我就打电话要他回来，生怕他在外面学坏了。久而久之，丈夫的同事都笑称他带的是一台‘寻夫机’，弄得他很尴尬，回到家就冲我发火，埋怨我的电话太多了。听到丈夫这么说我，我也觉得很委屈：我是因为关心你、爱你、害怕失去你才这样，可你却丝毫不领情……我们之间的争吵越来越多，感情也日渐疏远了。那时候，我很沮丧，觉得我们的婚姻就要走到头了。

后来，一个偶然的机会，我读到一篇文章《放开他，并不等于失去他》，文章里写了一个跟我处境类似的女孩，因为害怕失去爱人，就时时刻刻盯着他，弄得爱人心烦意乱，忍无可忍，最终提出了分手。看完文章，我恍然大悟：是啊，为什么一定要把男人死死地看着呢？他有自己的事业，有自己的天空，为什么不放开他，给他一定的自由呢？从那之后，我改变了很多，不再追根究底地查他的去向，而他对我的态度也有了明显改善，要是晚回家总会跟我说一声。

后来，丈夫告诉我说，那段时间，他自己也很难过。感觉自己像犯人一样，他每天辛辛苦苦地在外面打拼，回家却还要接受我的拷问。到后来，我改变了态度，对他很宽容。也奇怪了，之后他每当超过八点还没有回家就会格外惦记我……”

听完小邹的述说，小李似乎有所感触。

其实，很多人在爱情上的不幸，很大程度上是出于对爱理解的偏颇。爱是自私的，但爱人绝不是私有财产，爱应该用温柔、体贴、理解、沟通来维系，而不应该用“刑侦监控”，甚至“一哭二闹三上吊”的方式把爱人时刻拴在身边，这样只能适得其反。

我们应当相信，真爱可以超越时间、空间。因此，作为恋爱双方，请留给彼此一个距离。这距离不仅仅包含空间的尺度，同样包含心灵的尺

度。正如一位哲人所说:"留下你自己独特的性格，不要与我如影随形；留下你自己内心的隐私，不要让我感到你是曝光后苍白的底片；留下你一份意味深长与朦胧的神秘……不要试图挽留我离去的脚步。不要幻想我的目光永远专注于你，一切都应是自然形成，在你我之间留下一段距离，让彼此能够自由呼吸。"

幸福锦囊

◆ 爱情就如同手中的沙子，攥得越紧反而漏得越快。请给彼此一个空间，让爱能够自由呼吸。

◆ 爱情需要自由，不管是"软磨"还是"硬泡"，都不是爱情本该有的形式。

◆ 在爱情中，应该给对方保留应有的个人空间，这样也能让自己过得更加轻松些。

有一种爱叫放手，无法挽回就学会放弃

不害相思，幸福就没你的份。把爱情赶出了生活，你就赶出欢乐。一帆风顺的爱情，其实寡味。

——莫里哀

每个人都渴望自己能有一段天长地久的爱情，希望能跟自己的爱人相守一辈子。但是，现实总是会无情地将这个梦想打碎。很多事情，不是只要努力就可以解决问题的，例如爱情。因而，当爱情结束的时候，就随它去吧，何必死缠烂打、寻死觅活呢？纠缠，充其量只不过是延长暂时拥有的时间，它最终还是会离开你的。

很多人心里也明白自己不想放弃的那个人，未必就能和自己一直走到老。可是，爱让他们昏了头，让他们做出各种不理智的事情。

我们应该明白，爱情是一朵很娇贵的花朵，有时会遭受风吹雨打，甚至还会受到各种害虫的侵袭，当爱情的伊甸园危机四伏时，是坚守还是突围呢？突围后又是否能有个灿烂的未来呢？越来越多的人为此举棋不定，日夜嗟叹。

“天涯何处无芳草”，**该放手时就放手，该转身就转身，适应离开他（她）的生活，你会发现，没有他（她）在的日子，你照样可以快乐。**

经过了很长一段时间的思想斗争，小辉决定放手。

大家都不解，都觉得小辉就这么放手实在是太亏了。一开始的时候，小辉的父母就反对他跟小琦来往，但是小辉坚持不懈，终于，经过三年的拉锯战，小辉说服了父母。为了能跟小琦朝夕相对，小辉动用了所有的关系，将小琦从另一个城市调了过来。可是，就在小辉兴高采烈地准备婚礼的时候，小琦却跟他摊牌，原来小琦喜欢上了另外一个男人。这对小辉来说无疑是一个灾难性的打击。

小琦跟他摊牌后的那段时间，潇洒倜傥的小辉一下子蔫了，胡子拉碴的，一下子苍老了很多。都说男儿有泪不轻弹，但在一次酒后，小辉哭得一塌糊涂，别人怎么劝都劝不住。他边哭边说：“六年的感情啊，说结束就结束了，我是不甘心啊……”

一个月之后，小辉终于平静了下来。一天，他约好哥们儿方驰喝酒，并郑重地告诉方驰：“我决定放手了！也许她本来就不属于我，我又何必在那里苦苦纠缠呢？”

看到好哥们儿终于想通了，方驰很开心，“哥们儿，你能想通实在太好了！你真大度，要是换了我，肯定很难做出这样的决定。”

小辉听完方驰的话后笑着说：“兄弟，你夸错了。我不是大度，而是无奈地放手。相识相知是一种缘，爱更是缘中之缘。既是缘就不可强求，就要随缘，缘起缘灭皆随意。我还记得《荆棘鸟》那本书的开头是这样写的：荆棘鸟只有选择最尖、最锋利的刺扎进肉体，才能唱出世界上最动听

的歌。不久，荆棘鸟的血流尽了，一曲最美妙的歌声也戛然而止。因为大家都知道，最美好的东西，只有用深痛巨创才能换取。这样的执著实在让人心痛。但爱情不是单相思，一厢情愿地付出，只能给你所爱的人增添沉重的包袱，所以，我选择放手。”

爱情降临的时候，没有理由。同样，当它悄悄溜走的时候，也不需要解释。**如果一份爱走到尽头，没有挽回的余地，那就放手吧。**爱过知情重，醉过知酒浓，爱过了也是一种人生。如果实在难以割舍，那么告诉自己，放手也是因为太爱他，然后，将这份情深深地埋在心里，等待时间告诉你一切——那就是，生活并不需要无谓的执著，时间会冲淡一切。让自己放手，也是一种魄力。

但是有很多人，明知爱已经不在，可就是不肯放手——“我就是要死拽着他，死也要拖死他！”很显然，当人们说出这句话的时候，不仅仅是对方已经不爱自己了，其实自己也已经对对方没有了爱。之所以迟迟不愿意放手，是因为不甘心多年来的付出，很多人因此而丧失了理智，执拗地牵拽着对方去延续那早已荡然无存的爱，而筋疲力尽的牵拽甚至可能让人变得疯狂，越加没有理性，直至做出过激的行为，那时才后悔莫及。当一段感情无法挽回，要学会放手。洒脱地爱，洒脱地放手，才能拥有真正的爱情。

幸福锦囊

◆ 对于一个已经不爱你的人，傻傻地坚持不如潇洒地放手。

◆ 无论你多么在乎这段感情，如果另一个人一定要离开你，那么请尊重他的选择。

◆ 给爱一条生路，也是给自己一条生路。

错误的代价，不需一生一世

如果你爱一个人，先要使自己现在或将来百分之百的值得他爱，至于他爱不爱你，那是他的事，你可以如此希望，但不必勉强去追求。

——罗兰

人生中最令人惋惜的莫过于，因为错过了一棵树，而错过了整片森林；因为摘不到一颗星星，而放弃了整片天空。等年华不再，才发现，因为错过一次，所以错过了所有。如果那个人能与你相濡以沫，一生只爱一个人，那是人生中最大的完满，但是，**如若一生只爱一个永远得不到的人，那就是一种偏执。**

有一位老妇人，在她 17 岁的时候，与同班同学两情相悦，并暗定终身。但是，由于她的家族中有人在国民党政府任过职，这让她和她的家人成为小城里的人躲避的对象。自然，小伙子也被家人严词相告，坚决阻止他们再来往。但是家人的严厉制止也无法阻断他们心中对爱的无限向往，两人继续约会。白天不便，就夜里；城内不便，就城外……爱情可以让再坚定坚强的人燃烧，两个青春男女很快就越过最后的雷池。这在当时是被视为极其败坏道德的行为，但她和他都认为，那是他们对爱情最真挚的诠释。

花前月下，他告诉她说非她不娶，她回应他非他不嫁。

最终，家人还是发现了他们秘密来往。于是，两家的父母将他们各自锁在家中，并且，小伙子的父母为他选了一个妻子，择日成婚。

他的婚礼很快就举行了，但新娘不是她。听着从他家院落里传来的婚礼唢呐声，她心如刀割，眼泪一滴滴地滑落。她恨透了他，恨他不遵守诺言，恨他懦弱无能，恨他胆小变节……她想以死解脱。就在她把刀对准自己的手腕割下去的时候，她的脑海中突然跳出一个念头：就这样死了，太便宜他了，要活下去，并且终身不婚，以此来报复他，折磨他，让他一生

愧疚，一生不安，一生痛苦……

她擦干眼泪，她的人生也就此改变。

半年后，父母开始为她张罗婚事，她拒绝了所有的说媒者，父母逼得急了，她就假借自杀相挟。父母怕她做出什么过激的事情，只好任由她做自己想做的事。十多年后，她的父母相继去世，她更加肆无忌惮地坚持自己的报复。

这期间，他的家因为各种变故而多次搬迁，而她总会随之搬到他家附近，与他相邻而居。她也并不做什么，只是经常在他和他的妻子，以及他的孩子面前转一转，从来不说话，而对方的搭话也一向置之不理。

他曾一次次地跑去找她，尝试向她道歉，希望她能找个合适的人结婚。但她一次次地拒绝了，尤其是当他提到结婚的时候，她更是歇斯底里。后来，他只好放弃了。这些年，她能清晰地感觉到，他一直在遭受着良心的谴责。

偶尔夜深人静的时候，她也会猜想着他和妻儿欢娱的情景，但是再看看自己孤灯清影的寂寞，她便更加难过。她觉得，自己如今的不堪都是他一手造成的，她要倾尽一生报复他。

终于，他在 54 岁那年抑郁而终。

得知他去世的消息时，她非但没有丝毫的快感，反而感觉一下失去了生活的目标，心头对他的怨恨也一下子消失得无影无踪。她开始回味、咀嚼着自己的过往人生。随着岁月的一天天累加，她越来越怀疑自己的报复是否值得，她渐渐为自己的一生觉得不值。她开始后悔，后悔自己把一生都用在了对他的报复上，后悔没有再火热地恋爱一次，后悔没有体验到做母亲的美好……但此时的她，已经满脸皱纹、牙齿脱落，脚步踉跄。

这时候，一切都已无法回头。

很多时候，我们总是不自觉地把得不到的东西当成宝贝，却把容易得到的东西当成理所当然，不去珍惜，一错再错，结果却错过了更多。因此，一旦错过，就一定要坚定地放弃。**与不爱的人相忘于江湖，才能有机会与相爱的人相濡以沫。**有的人你再喜欢也不属于你，有的人你再留恋也

注定要放弃，**人生中有很多种爱，但别让爱成为一种伤害**，错过了，就潇洒地忘记吧。

人生，本来就无法十全十美，有些人，一旦错过就不再，既然如此，那就潇洒地挥挥手，跟过去说声再见。

幸福锦囊

◆ 时间是治疗情伤最好的药，随着时间的流逝，有些人会在你心底慢慢模糊。学会放手，你的幸福需要自己来成全。

◆ 犯错是难免的，但是千万不要因为一个错误而误了自己一辈子。

◆ 要学会接受错过，否则你会生活在悔恨当中。既然错过了就忘记吧，不必用一生的悔恨作为代价。

该放手时就放手，才能抓住自己的幸福

一个经历了爱情创伤的青年，如果没有因这创伤而倒下，那就可能更坚强地在生活中站起来。

——路遥

欣怡是一个美丽、温柔的女孩，却曾为一个男人自杀。

男友提出分手，她在电话里向他哀求，要他回到她身边。

男友说：“很多事是不能勉强的。”

于是，欣怡愤然用刀割开了自己的动脉。

后来，欣怡没有死，但是男友也没有回到她的身边。

每每想起那段往事，欣怡都心有余悸，甚至会有一丝的庆幸。幸亏当时没有死，否则她就无法享受现在幸福的生活了。因为她现在有了一个疼

她爱她的男友，他们准备半年后结婚。欣怡告诉好友："如果是现在遇到了那样的事情，我不会再那么傻，我会洒脱地转身离开。"

勉强的爱情不会幸福，为对方的离去而制造悲剧的人也并非缘于真爱。**爱，需要豁达，抓不住，就轻轻放手吧。**生活是多姿多彩的，爱情只不过是人生旅途上的一个里程碑。当你面临失恋的痛苦时，不必悲伤，身边还有更多美好的东西，可以医治失恋的创伤，冲洗掉一切烦恼和痛苦。**只有放开这段感情，你才有可能投入到下一段感情中去。**

文学巨匠歌德才华出众，他一生经历了十几次恋爱，他每次都全身心地投入，把自己全部的热情奉献给对方，但一次又一次都未取回感情的"投资"。当他意识到爱情已到破灭的边缘，并有可能给对方带来灾难时，他立即从对方身边离开，不给对方带来痛苦，也及时地挽救自己。

23岁那年，他又深深地爱上了一个叫夏绿蒂的少女，哪知她已经有了未婚夫，歌德又一次遭受了沉重的打击，只好默默地离去。这已经是他的第五次失恋了。他痛苦至极，把一把匕首放在枕头底下，几次想到自杀，但后来最终没能下手。后来，他把全部的精力投入到文学创作中，及时地以工作热情补偿了感情上的落差，以事业的成功补偿了失恋的痛苦，也及时地挽救了自己。

爱情之所以美丽，正是因为它是自由选择的。他（她）爱你的时候是真的爱你，不爱你的时候也是真的不爱你。这是他（她）的自由，也是他（她）的选择。我们的人生，不必为他人的选择背负责任。当爱已远走，何必强留呢？

一个女人正静静地坐在化妆台前细致地描绘自己的妆容，这时，一个朋友风风火火地推门进来，满脸掩饰不住的惊慌："你的丈夫和别的女人私奔了！"正在化妆的女人脸色一下子变得煞白，拿眉笔的手一抖，眉毛有点斜。她对着朋友挤出了一个微笑，接着画自己的眉毛。十几分钟后，她走上了舞台，精致装扮过的脸上带着一如既往的灿烂微笑。在舞台上，她和观众互动，说着轻松的笑话，她让观众十分开心。回到后台，她静静地卸下妆，仍旧没有流下一滴眼泪。

这个女人，就是创立了羽西化妆品的靳羽西，婚变并没有击垮她的意志，反而激发了她的干劲，创造出无限精彩的人生。而她无论走到哪里，都是笑意盈盈。

当他（她）离去时，你不必埋怨自己，“他（她）不要我，只是我不够好”，这只是一句蠢话，并非事情的症结所在。

“失去了他（她），我才遇见你。”这是一份无法企及的美丽。

一个人的爱情不是爱情，爱情要在两个人的共同呵护下才能绽放出美丽的花朵。如果其中一人心生去意这朵爱情之花，注定要凋谢。相对于男人而言，女人更具有无私奉献的痴情精神，也更脆弱，因而更容易在爱情中受伤害。当爱情破产之后，无论你怎么恒久地期盼和等待，也只能换来更深的痛苦和寂寞。既然他（她）的心已走远，弥补和挽留又有何用呢？还是将目光看向未来吧，前面路上还会有鲜花和希望，多给自己一次机会，你会发现风景这边独好。

幸福锦囊

◆ 遍体鳞伤的爱并不一定就刻骨铭心、天长地久。学会放手，才能让彼此有一个更轻松的开始。

◆ 很多时候，一段感情的结束，往往是另一端感情的开始。

不必报复过去的爱，让不快乐的往事随风而去

只有当爱情是自由自在时，它才会叶茂花繁。认为爱情是某种义务的思想只能置爱情于死地。只消一句话：你应当爱某个人。就足以使你对这个人恨之入骨。

——罗素

爱情，就像两个人在拉皮筋，受伤的永远是后撤手的那个。当爱情已经变味的时候，又何必执著呢？一切已经无法回头，何必再想，何必苦苦哀求呢？更不要向他（她）报复，要知道，你的幸福其实就已经是对他（她）最大的报复。

早晨起床的时候，若兰就发现外面淅淅沥沥地下着小雨。洗漱完毕，她来到自己的礼品店上班。尽管是周末，但是由于天气的缘故，整个早上都没来一个客人。中午十二点的时候，若兰打算锁上店门去吃饭。

忽然，礼品店的门被推开了，走进来一位年轻人。他的脸色显得很阴沉，眼睛浏览着礼品店里的礼品和鲜花，最终他将视线固定在一个精致的水晶乌龟上面。

“先生，请问您想买这件礼品吗？”若兰热情地问他。可是，年轻人的眼光依旧很冰冷。“这件礼品多少钱？”年轻人问了一句，“80元。”若兰回答道。

年轻人听后，从衣兜里拿出钱包，抽出一张百元大钞，放在柜台上，“这一百不用找了，麻烦你帮我包好。”

自礼品店开业以来，若兰还从没遇到过这样豪爽、慷慨的买主呢。“先生，您想将这个礼品送给谁呢？”若兰试探地问了一句。

“送给我的新娘，我们明天就要结婚了。”年轻人依旧面色冰冷地回答着。

听了年轻人的话，若兰很诧异，哪有人要送一只乌龟给自己的新娘，那岂不是给他们的婚姻安上一颗定时炸弹？若兰想了一会儿，对年轻人说：“先生，这件礼品一定要好好包装一下，才会给你的新娘带来更大的惊喜。只是现在店里没有包装盒了，这样吧，你下午四五点钟的时候再过来取好吗？我利用下午的时间为您赶制一个新的、漂亮的礼品盒……”

“那好吧。”年轻人说完转身走了。

下午四点半的时候，年轻人准时出现在了礼品店，取走了若兰为他赶制的精致的礼品盒。

第二天早晨，年轻人匆匆地来到了结婚礼堂——但新郎不是他！他快

步跑到新娘跟前，双手将精致的礼品盒塞给新娘，而后，迅速地转身跑回家中，焦急地等待着新娘愤怒与责怪的电话。

傍晚，婚礼刚刚结束的新娘给他打来了电话："谢谢你，谢谢你送我这样好的礼物，谢谢你终于能原谅我了……"电话的那头新娘感激地说着。年轻人万分疑惑，他什么也没说，便挂断了电话。但他似乎又明白了什么，迅速地跑到了若兰的礼品店。推开门，他惊奇地发现，礼品店的橱窗里，依旧静静地躺着那只精致的水晶乌龟！

一切都已经明白了，年轻人静静地望着眼前的若兰。而若兰依然静静地坐在柜台后边，冲着年轻人笑了一下。年轻人冰冷的面孔终于在这瞬间变成一种感激与尊敬："谢谢你，让我又找回了我自己。"

若兰笑着说："先生，过去的就让它过去吧，你的宽容会为一对新人带来幸福的。"年轻人抬起头问道："我想知道我送给他们的究竟是什么？"

"是两颗相交在一起的水晶心。"若兰淡淡地答道。

既然爱已成为往事，那就别再执著于过去的爱，更别想着去报复。因为，**报复是把双刃剑，在你报复别人的时候，也会有一把剑刺向你自己。**

我们应该学会宽容，当爱情已经逝去的时候，就让它过去吧。没有任何人想刻意去伤害别人，世界上有些人注定要欠我们的，而我们又注定要欠别人的。每个人怎样生活，有的是自己选择的，也有的是别人强加的，还有一些是我们无法改变的。我们不能饶恕背叛我们的人和那些曾经欺骗我们的人，但是那又怎样呢？如果我们因此而去报复他人，无疑是用别人的错误来惩罚自己，在伤害别人的同时自己也会伤得更深。

不妨这样想，明天太阳还会升起来，那又将会是一个新的开始。

当爱情来临的时候，要全身心地投入到幸福的甜蜜之中，当爱情之花凋零，亦要坚决地抽身离去。别去恨对方，因为恨也需要力气，对于一段无法挽回的爱情，何必再耗费你的力气呢？不如潇洒地和过去挥一挥手，道一声别，留给对方一个昂然的背影，向着前方的阳光走去。

幸福锦囊

◆ 过去的爱如一缕春风拂面，应该只留下快乐、美好才是。一旦你心怀妒恨，就把自己拖进了一个“地狱”。

◆ 给别人一些宽恕，自己也会获取幸福与快乐。

◆ 当爱离我们远去的时候，我们需要去做的就是学会忘记和放手。

第十一章 与其抱怨，不如努力改变

生活中，随处可见牢骚满腹的人，抱怨似乎成为了人们的一种习惯。事实上，如果你想抱怨，你会发现身边到处都是可抱怨的事物：拥堵的交通、烦人的同事、刻薄的上司、难缠的客户、飙升的物价……一旦你开始抱怨，你就会陷入其中而难以自拔。要知道，不抱怨是获得幸福生活的秘密所在，与其抱怨，不如努力去改变。不怨天尤人，不做无谓的抱怨，才能时刻把握命运的主动权，掌握幸福人生的秘密。

别抱怨，谁不曾有过困难

永不抱怨的人生态度才是第一位的。

——马云

生活中，我们经常能听到人们抱怨——有人抱怨命运不公，有人抱怨出身不好，有人抱怨同事难处，有人抱怨领导难缠，有人抱怨工资低微……抱怨什么的都有。假如抱怨之后现状会有所改善，那抱怨还是值得的。可问题是，尽管你牢骚满腹，抱怨个不停，却丝毫不能改变问题。相反地，抱怨还会加重人的负面情绪。由此看来，抱怨真的是有百害而无

一利。

在这里，我们不妨大胆地假设一下，如果人人遇到不如意的事情都抱怨，我们就会整日生活在怨声中。那将是一件多么可怕的事情啊！遇事爱抱怨是很多人的通病，**习惯抱怨而不谋求改变，这不是聪明人的做法。**人活于世，挫折、失败是不可避免的，一味地抱怨只会磨灭你的斗志，让你在困难面前驻足。所以，我们要放下抱怨，积极地直面人生，迎接挑战和困难，这样你的生活才会绚丽多彩。

这天下午，乔治忙完公司的事情后，收拾好东西准备回家。在回家的路上，他突然想起太太要他买的一样东西还没买，于是他来到了商业街。刚到商业街，乔治就听见身后传来“嗒嗒嗒”的声音，那是盲人用竹竿敲打地面发出的声响。乔治愣了一下，缓缓地转过身。那盲人感觉到前面有人，连忙上前说道：“尊敬的先生，您一定发现我是一个可怜的盲人，能不能占用您一点点时间呢？”

乔治说：“我要买一样重要的东西，你要什么就快说吧。”盲人从自己的口袋里掏出一个打火机，摸索着放到乔治的手里，说：“先生，这个打火机只卖一美元，这可是最好的打火机啊。”

乔治听了，叹了口气，把手伸进西服口袋，掏出一张钞票递给盲人：“我不抽烟，但我愿意帮助你。这个打火机，也许我可以送给小区守门的老大爷。”

盲人用手摸了一下那张钞票，竟然是一百美元！他用颤抖的手反复抚摸着，嘴里连连感激：“您是我遇见过的最慷慨的先生！仁慈的富人啊，我为您祈祷！上帝保佑您！”

乔治笑了笑，正准备走，盲人拉住他，又喋喋不休地说：“尊敬的先生，其实我并不是一生下来就瞎的，都是二十三年前布尔顿的那次事故！太可怕了！”

乔治一怔，问道：“你是在那次化工厂爆炸中失明的吗？”盲人仿佛遇到了知音，兴奋得连连点头：“是啊是啊，您也知道？这也难怪，那次事故光炸死的人就有93个，伤的人有好几百，这在当时可是头条新闻哪！”

显然，盲人是想用自己不幸的遭遇来赢得乔治的同情，以期争取多得到一些钱。他接着告诉乔治："那次事故之后，家人嫌弃我，拒绝收留我。没办法，我只能到处流浪，吃了上顿没下顿，到时候恐怕死了都没人知道！"盲人越说越激动，"您不知道当时的情况，爆炸发生的时候，我正在化工厂上班，火突然窜了出来，仿佛是从地狱中冒出来的！逃命的人群挤在一起，我好不容易冲到门口，可是一个大个子在我身后大喊：'让我先出去！我还年轻，我不想死！'接着他把我推倒了，踩着我的身体跑了出去！后来我就昏了过去。等我醒来的时候，已经是在医院了，眼睛也瞎了。哎，命运真是不公平啊！"

听完盲人的诉说，乔治冷冷地说道："事实恐怕不是这样吧？你说反了。"盲人一惊，用空洞的眼睛呆呆地对着乔治。乔治一字一顿地说："我当时也在布尔顿化工厂当工人，我清楚地记得是你从我的身上踏过去的！你长得比我高大，你说的那句话，我永远都忘不了！"

盲人站了好长时间，突然一把抓住乔治，爆发出一阵大笑："这就是命运啊！不公平的命运！你在里面，现在出人头地了，我跑了出去，却成了一个没有用的瞎子！"

乔治用力推开盲人的手，举起了手中精致的棕榈手杖，平静地说："你知道吗？我也是一个瞎子。你相信命运，可是我不信。"

人生谁不曾有困难？同样面对不幸的遭遇，乔治和那位盲人选择了不同的人生态度，盲人怨天尤人，只能以乞讨为生，乔治却选择了奋斗，最终出人头地。

在这个世界上，没有谁的人生是一帆风顺的，抱怨能有什么用呢？所以，千万不要让抱怨的情绪影响你的斗志，把抱怨放在身后，你才能大踏步向前。

人生的路途谁也无法预料，在我们追求梦想的道路上，困难会接踵而至，虽然我们不能避免困难，可是我们可以选择不去抱怨。当战胜困难，站在成功的舞台上的时候，你会有一种酣畅淋漓的快感。

幸福锦囊

◆ 不抱怨是一种力量，它能改变你的处境。

◆ 无论发生什么事情，都不要抱怨，这样你便能在困难和逆境中保持一份良好的心情。

◆ “不抱怨”是一把钥匙，在人生迷茫的时候，借助这把钥匙，我们能把勇气延伸到奋斗的方方面面。

成功者永不抱怨，抱怨者永不成功

机会看见抱怨者就会远远避开。

——茨威格

有人曾说过这样一句话：**“抱怨是最普遍的一种情绪，但同时也是寻找借口的人最善于利用的。”**有人曾专门做过一项统计，统计发现，那些喜欢抱怨的人，即使才华横溢，也很难取得成功。因为在人生奋斗的过程中，最没有价值的行动就是抱怨。

小张和小李是大学同班同学。毕业后，他俩一起进了一家公司。刚进公司的时候，公司领导为了锻炼新人，让他俩做销售员，并且告诉他们，三个月之后，将根据他们各自的业绩进行工作安排。

两个月的时间过去了，小张只做成了一单生意，业绩可想而知。因为工作老打不开局面，小张开始了抱怨，今天抱怨工作太难，明天抱怨做销售员没有前途，后天抱怨待遇太低……每天都有抱怨的理由。渐渐地，他变得漫不经心，工作也敷衍了事。结果，刚干满三个月，还没等领导做出决定，他便彻底断绝了继续干这份工作的念头，辞职了。刚开始的时候，

小李的工作也进展得很慢，但是他却在工作中勤勤恳恳，认真做好自己的每一项工作。后来业绩渐渐地好了。因为工作积极，业绩出众，一年后，他成了公司的金牌销售员。尽管如此，他依然抱着一种积极的态度，在工作中不断进取，认真负责。两年后，他晋升为分公司的市场总监。

这天，小李带着人事部经理去招聘会招人，竟然在招聘会上意外地碰见了小张，不同的是，小张是去找工作的。原来，小张从这家企业出去后，总是找不到满意的工作，每次找到一个新工作，干不了多久就难以忍受，只好辞职。这些年来，小张一直处于“辞职－找工作－辞职－找工作”的恶性循环当中。

不知道小张看到小李后会作何感想，是从自身出发，找到问题所在，然后发奋努力，还是继续抱怨命运、抱怨造化弄人呢？假如他从一开始就珍惜机会，像小李那样脚踏实地地工作，从不抱怨，他恐怕也会取得像小李一样的成绩了。

要知道，抱怨会限制一个人的思维，会让他的视野变得很浅。一个人若是把精力花在抱怨上，而不是努力地去适应变化，解决问题，那这样的人永远都不可能成功。

“事情怎么会这样呢？真是烦人！”

“这次跟客户没有谈成，全都怪昨天晚上……”

“任务这么难，老板竟然要我一天之内就做完，根本就是在为难我。”

“太讨厌了……”

这是不是你经常挂在嘴边的话？心情不愉快的时候，这些抱怨的话好像是不经过大脑就到嘴边了，然后心情就会变得很沮丧。

在这样一种精神状态下，不难想象，你犯错误的几率自然要比别人高，许多新的烦恼又会在后边等着你，那么你又会开始新一轮的抱怨——沮丧——出错——倒霉……

其实，**抱怨只能作为一种暂时的情绪宣泄，它可做心灵的麻醉剂，但绝不是解救心灵的方法。**

有人认为，抱怨是人性中的一种自我防卫机制，那些爱抱怨的人总觉得自己是正确的，但却也是不幸的。他们认为，这种不幸和痛苦，是外部环境导致的。其实，这是一种错误的想法。

爱抱怨的人常常将自己的失败归咎于外部原因。他们总是喜欢指责他人，认为别人没有将事情做好；他们会为自己犯的错误做出种种狡辩，但从不会自我反省，从自身寻找原因；他们不能坦然接受一些不可抗拒的自然状况，反而进行埋怨和诅咒。比如抱怨夏天太热冬天太冷，下雨天抱怨下雨，大晴天抱怨太阳……总之，只要他愿意，他就能找出抱怨的对象来。这样的人是不是很可悲呢？

生活中，我们可能经常觉得这件事不公平、那件事不顺心，当你的这些想法增多的时候，你就会开始抱怨。只要稍加注意，我们经常会听到这样一些声音：

丈夫说：“我每天辛辛苦苦地在外面打拼，为的就是让咱们这个家的条件好一些，可老婆却不理解我……”

老婆说：“我每天不但要上班，还要打理这个家，洗衣做饭等所有的家务都得我做，老公还常常嫌我做得不好，哎，真是吃力不讨好……”

一位部门主管说：“那个客户实在是太挑剔了，要求真多，其他部门的同事也经常不配合我，我的工作越来越难开展……”

……

看起来，好像每个人的抱怨都有道理，可是，这样抱怨有意义吗？抱怨之后问题能解决吗？面对不利的环境或者困境的时候，我们为什么不能把困顿当做是对自己的一种磨砺呢？与其在那里抱怨、发牢骚，不如静下心来反省一下自己：在这个不尽如人意的环境里，我能做些什么？要知道，怨天尤人根本于事无补。**少抱怨，多行动，才是应对困境的正确方法。**爱默生曾经说过：“一心朝自己目标前进的人，整个世界都会给他让路。”假如你一心向着自己的目标奋斗，那么还有什么会妨碍你吗？任何时候，都请记住一点：不抱怨是强者的生存哲学，那些抱怨的人永远难以成功，而成功者从来都不抱怨。

幸福锦囊

◆ 当你想抱怨的时候，请先冷静地想一想，你所抱怨的事情会在抱怨之后有所好转吗？如果不能，那就应该闭上抱怨的嘴巴。

◆ 在抱怨之前，首先应该改变的是你自己，如果你有了积极的心态，能够积极地改善自己的环境和命运，那么你周围所有的问题都会迎刃而解。

◆ 喜欢抱怨的人在如今的时代，是没有立足之地的。

◆ 如果你对目前的环境不满，你需要做的不是抱怨，而是战胜困难，改善环境。

我们的世界没有绝对公平

即使有一千个理由哭泣，更要找出一万个理由微笑。生活是极不愉快的玩笑，不过要使它美好起来也不难。

——契诃夫

生活中，我们时常能听到一些刚毕业的大学生愤世嫉俗地说：这不公平！

但是，随着年纪的增长，你会发现讲这句话的人越来越少。

这个世界是公平的吗？

有人说世界是公平的，因为每个人都会面对疾病、灾难和死亡。

有人说世界是不公平的，因为每个人从一出生，起跑线就不同。有人才能出众，有人资质平平；有人生在大富大贵之家，有人生在贫寒的家庭……

实际上，**这个世界上没有绝对的公平，绝对的公平只是人们的一种理想，是不存在的。**

从前，有一只狮子，一只灰狼和一只狐狸生活在一个山洞里。一天，它们三个一起去打猎。晚上，它们带着猎物一只野猪、一只野兔、一只野鸡回到了山洞。望着猎物，狮子高兴地对灰狼说:“请您把猎物分一下，要按照最公平合理的方式分。”狼看了看身材高大的雄狮，又看了看贪婪的狐狸，想了想说:“狮子大哥，您身体大，这只野猪就分给您，狐狸喜欢吃鸡，这只野鸡就分给狐狸吧，剩下的这头野兔归我。”

听完灰狼的话，狮子顿时火冒三丈，打了灰狼一巴掌，愤怒地说:“这样的分法，一点儿都不公平。”灰狼不敢吭声，只好默默地在一旁流泪，接着狮子叫狐狸把猎物分配一下，狐狸看了看面目狰狞的狮子，又看了看在一边哭泣的灰狼，小心翼翼地对狮子说:“狮子大哥，这头野猪给您做晚餐，这只野兔给您当点心，这只野鸡给您做夜宵。”

狮子听后眉开眼笑地说:“这样子分配太公平了，太合理了。”

接着狮子又问狐狸:“你这么公平合理的方法是哪里学来的？”狐狸战战兢兢地回答:“是从狼的眼泪中学来的。”

虽然这是一个寓言，但寓意却是深刻的。什么是公平？若想了解公平的概念，我们不妨从这个寓言中寻找答案。狮子要求“公平”分配食物，狼照办了，没想到被狮子打了一巴掌。接着，狮子要求狐狸“公平”分配食物，狐狸将全部的猎物都分给了狮子，反而被狮子赞美说这是最公平的分法。

很多年轻人都认为公平合理是生活中应有的现象。我们经常听人说:“这不公平！”或者“因为我没有那样做，你也没有权利那样做。”实际上，绝对的公平并不存在，你寻找绝对公平就如同寻找神话传说中的事物一样，是永远也找不到的。**这个世界不是根据公平的原则而创造的。**鸟吃虫子，对虫子来说是不公平的；蜘蛛吃苍蝇，对苍蝇来说是不公平的；豹吃狼，狼吃獾，獾吃鼠……对这些受到威胁的弱者来说，自然界永远是不公平的。强者生存，弱者灭亡，优胜劣汰，根本就无公平可言。其实，不

仅仅是自然界，就是人与人之间，也没有绝对的公平。公平只能是一种理想的存在。人们每天都过着“不公平”的生活，快乐或不快乐，与公平是无关的。这并不是人类的悲哀，只是一种真实情况。

很多人都希望社会公平，当公平没有出现时，他们会感到愤怒、忧虑。但是，过去不曾有过绝对的公平合理，今后也不会有。

许多不公平的经历，我们是无法逃避的，也是无法选择的。面对这些不公平，我们所能做的，就是接受它。

我们生活在一个处处不公平的世界，这句话听起来让人觉得很沮丧，但这是事实，而且必须要接受。我们许多人所犯的一个错误便是认为生活应该是公平的，或者终有一天会是公平的。

承认世界不公平这一客观事实，并不意味着一切消极的开始，正因为我们接受了这个事实，我们才能放平心态，找到属于自己的人生定位。

幸福锦囊

◆ 在你成功之前，这个世界是不公平的。

◆ 面对不公平的事情，有时候可以学学酸葡萄心理和阿Q心理，让自己更坦然一些。

学会面对不公平，远比评价不公平更重要

必须敢于正视，这才可望敢想、敢说、敢做、敢当。倘使想正视而不敢，此外还能成什么气候。

——鲁迅

这个世界是不公平的，你站得越高，看得越清，你就越会意识到——

世界的本质其实就是不公平。

在生活中，我们经常能听到许多人抱怨生活的不公："为什么我会生在这样一个贫困的家庭？""为什么我没有别人聪明？""为什么我做得最多，获得的却最少？""为什么我学习这么刻苦，而成绩却总不理想？""我好心帮助别人，为什么总得不到回报？"……诸如此类的抱怨在我们的身边层出不穷。

这个世界是不公平的，无论你是否抱怨，它都是一样的。面对不公平，抱怨不能解决任何问题，关键是你为这个不公平做了些什么。不公平是我们生命中的契机，是生命给我们的，让我们和世界变得更加美好的机会。

我们无法让这个世界永远公平，我们也找不到一个永远公平的地方，我们需要学会的是直面不公平。

学会面对不公平，远远比学会如何评价不公平重要。

由于金融危机的影响，小甘所在的公司开始裁员，与小甘关系不错的两个同事不幸上了白榜，其中一个是小甘的好朋友小孙。

对于小孙的离开，小甘难以接受。小甘认为，该离开的应该是办公室里的另一位大姐。因为小孙做事效率很高，而大姐办事磨磨蹭蹭，效率极低，别人一个小时可以做完的事，她却要拖上半天，而且这位大姐还非常迷糊，常常把一些重要的事情忘记了……其实，小甘也明白领导做出这样的决定有一定的道理：小孙年轻，又有高等学历，相对好找工作，而且也没有家庭负担，就算一时找不到工作也不会有太大影响。而那位大姐已经40多岁，年纪较大，再就业很困难，且上有老下有小，她一旦失业，全家都会受到影响。在这件事情上，公司领导无疑是仁慈的，他选择了照顾弱势个体。面对此情此景，小甘私下为小孙不平，但更多的是无奈。

面对生活中种种不公平，我们不可能事事计较，非要追寻出一个公平的结果。我们没有那么多精力，更何况有些事情因为各种各样的原因根本不可能公平。此时，我们首先要学会"认命"。这里所说的"认命"，并不是指甘愿任人摆布，也不代表屈服，而是希望大家能在遭遇不公平的时候

使自己保持一个清醒的头脑，使自己不被怒气、怨气冲昏头。只有这样，才能更为理智的思考问题，进而在不公平的情况下，让自己所受的伤害减到最小，并在逆境中寻求继续前进的道路。

比尔·盖茨曾经说过:“公平不是总存在的，在生活和学习的各个方面总有一些不如意的地方。但只要适应它，并坚持到底，总能收到意想不到的成效。”

面对不公平，有人抱怨、有人躲避，而只有那些勇敢而智慧的人才敢于尝试用自己的方式来改变，掌控我们这个世界。**一个人面对不公平的态度，最能反映他的品德。**

在比尔·盖茨读中学的时候，曾经接到全国最大的国防用品合同商 TRW 公司的电话，要他去他们公司面试。比尔·盖茨思量再三，决定去参加面试。在征得学校的同意后，比尔·盖茨去 TRW 公司做了三个月的“临时工”。

三个月后，比尔·盖茨回到了学校。他利用闲暇时间，将落下的功课补了上来。很快就到了学期末，比尔·盖茨参加了期末考试，相对其他课程来说，计算机是他的长项，但是成绩出来后，比尔·盖茨仅仅得了一个“B”，原因当然不在于他考试成绩不佳——他考了第一名——而是他从来没去听过计算机课，在“学习态度”这条标准中被扣了分。

对于计算机课老师打出的成绩，比尔·盖茨并没有抱怨，而是接受了现实，并把这种得失置之度外，集中精力做数据的编码工作。他成了名副其实的计算机程序员，具备了坚实的编程基础和丰富的经验，最终成就了自己。

面对不公平，你可以抱怨，可以怨天尤人，但是你也可以像比尔·盖茨那样接受，并用自己的方式去面对。

生活中，不公平就像是空气，充满世界的任何一个角落，我们每一瞬间都在其中，无法脱离。关键是，你该如何去做。人生固然存在许多不公平，但你同样也有许多选择。更多的时候，一扇门对我们关闭了，但总有另一扇窗会对我们打开。所以，重要的不是对着那扇关闭的大门叹息，而是要静下来认识自己，知道怎样的生活才最适合自己，怎样的方向才是自己能够走下去的。把这一点搞清楚了，未来的一切也就不再迷茫，更不会为眼前的这点得或失而耿耿于怀以至迷失自己了。

幸福锦囊

◆ 这个世界是不公平的，因此，不要和自己过不去，更不要去苛求公平。

◆ 人生是不公平的，要学会用平常心来对待，不要陷入与别人比较的泥淖中。

◆ 过分的强调公平，反而会让自己的心情变糟糕，难以安心做事。

抱怨无法改变现状，拼搏才能带来希望

把坏事当好事办，人生就只有快乐，没有抱怨。

——冯仑

小白有一位朋友，这位朋友家庭条件很好，工作也很不错，按说这样的人应该生活得很快乐，恰恰相反，他生活得并不开心，因为他总是喜欢抱怨。

在小白的印象里，这位朋友好像从来就没有过顺心的时候，跟小白在一起时，小白都会听到他在不停地抱怨。他每次见到小白就抱怨自己所谓的不如意，结果把自己搞得很烦躁，同时也把小白搞得很不安，到后来，小白渐渐地疏远了他，因为他实在不愿意跟一个整天抱怨的人待在一起。

你周围有没有这样的朋友？他每天都会有许多不开心的事，他总在不停地抱怨。其实，他所抱怨的也并不是什么大不了的事，是一些日常生活

中经常发生的小事。

生活中有些人就像小白的朋友一样，把每件不称心的小事都挂在嘴上，自己的心态、情绪也因此变得很糟。

在这样一种精神状态下，不难想象，他犯错误的几率自然要比别人高，许多新的烦恼又在后边等着他，那么他又会开始新一轮的抱怨——沮丧——出错——倒霉……他自己还不明白：我的运气为什么总是这样差？那些能力不如我的人为什么干得总比我好？他们为什么会比我顺利？

有人说，如果一个人在年少的时候就懂得永不抱怨的价值，那实在是一个良好而明智的开端。倘若我们还没修炼到此种境界，就最好记住下面的话：**如果事情没有做好，就千万不要为抱怨找借口。**

有一个人从一棵椰子树下经过，一个椰子从树上掉了下来，恰好打中了这个人的头。这人摸了摸头，然后把椰子捡起来，喝椰汁，吃果肉，最后还用外壳做了一个碗。

假如那个从树上掉下的椰子打中的是你的头，你会如何来面对这个“意外的打击”呢？如果你选择抱怨，咒骂那个“没长眼睛的椰子”，那么你可能会逞一时口舌之快，但随之你的心情可能会变得糟糕起来；如果你选择积极面对，一笑了之，就像故事中的那个人一样，只是摸摸脑袋，然后捡起椰子，饶有兴致地吃掉果肉，并把椰壳做成一个装饰品，你也有可能因心情变好而感谢那个掉落的椰子。因为如果没有这一切，你或许就无法排解旅途中的寂寞、饥渴和无聊。

相信很多人都听说过斯蒂芬 · 霍金这个人，他是一个身残志坚的人。21岁的时候，不幸罹患了一种十分罕见的会使肌肉萎缩的卢伽雷氏症，后来他只能被禁锢在轮椅上，只有三根手指可以活动。再之后，他因肺炎做了穿气管手术，彻底被剥夺了说话的功能，他的演讲和问答只能通过语音合成器来完成。

尽管如此，霍金仍以顽强的毅力与病魔作斗争，并且克服了残废之患而成为国际物理界的超新星。霍金曾经说过：“我只要和其他人一样，对生活有同等的控制权。”

面对这样的困境，霍金完全可以抱怨命运的不公，但恰恰相反，霍金没有。他利用自己的不幸，创造了生命的奇迹。那些整天抱怨自己不幸的人，对比一下霍金，你还有抱怨的理由吗？

当我们在抱怨时，总是能为自己找到抱怨的理由，如不公平的待遇、不如意的爱情，甚至是糟糕的天气。这时，我们将深陷抱怨的世界中，抱怨——挫折——抱怨，我们将永远陷入这样的恶性循环中。但是换一种思维方式，**即使你所有的抱怨都有充分的理由，这些理由也不见得产生实效，它只会给自己徒增烦恼。**既然如此，我们为什么还要千方百计为自己的抱怨寻找理由呢？

不为抱怨找理由，永不抱怨才是人生的第一态度。当不抱怨成为人生的第一态度时，我们会发现自己是一个名副其实的富翁，用努力奋斗去呼应不抱怨，会发现我们的世界发生了本质的改观。

从现在开始，不要埋怨你的工作不好，不要埋怨你的上司苛刻，不要埋怨你的住处简陋，不要埋怨你没有一个好爸爸，不要埋怨你的工资少，不要埋怨你空怀一身绝技没人赏识……现实有太多的不如意，就算生活给你的是垃圾，你同样能把垃圾踩在脚底下，登上世界之巅。

幸福锦囊

◆ 决定一个人能否成功的因素有很多，能力是一方面，同时还要看他是否能够始终乐观地看待周围的事物，看他在身处逆境时是否依然能够积极乐观地寻找改变逆境的办法。

◆ 遇到困难，别再抱怨，积极寻找解决方法才是聪明人的做法。

◆ 抱怨只能麻痹自己的心灵，让自己暂时处于一个“安全”的状态，但这种状态并不长久。

◆ 其实，不是生活不美好，而是我们一直在抱怨中扭曲自己。

如果你因为没有鞋穿而哭泣，想想那些没有脚的人

真正的快乐是内心充满喜悦，是从心底发出的对生命的热爱。

——安德鲁·克罗斯比

有一首歌的歌词是这样的：“对这个世界如果你有太多的抱怨，跌倒了就不敢继续往前走，为什么人要这么的脆弱堕落，请你打开电视看看，多少人为生命在努力勇敢地走下去。我们是不是该知足，珍惜一切就算没有拥有。”这首歌很明确地指出了：如果你习惯抱怨，那是因为你没有学会知足。

生活中，人之所以会抱怨，是因为他们只看到了生活中缺憾与不完美的一面，当现实与理想有差距时，当事情背离自己的初衷时，抱怨便产生了。由此，工作、家庭、学习、交通，甚至是天气都会成为人们抱怨的对象。在《不抱怨的世界》一书中，作者指出：抱怨就像口臭一样，会到处传染。那些经常抱怨的人，就好比是在往自己的鞋子里倒水，越倒自己越难受，越难受越抱怨，整个人就这样陷入了抱怨的恶性循环。那么，如何才能让自己成为一个不抱怨的人，成为一个快乐的人呢？那就是懂得知足、感恩、惜福。

生活中，我们常常看到一些人才貌双全，拥有让人羡慕的家境和学历，但他们却生活得不快乐，究其原因，是因为他们不懂得知足。

生活在给予我们挫折的同时，也赐予我们坚强，我们也就有了另一种阅历。酸甜苦辣不是生活的追求，但它一定是生活的全部，试着用一颗知足的心来体会，你会发现不一样的人生。拥有一颗知足的心，就没有了埋怨、嫉妒、愤愤不平。

杰米·杜兰特曾被邀请参加一场慰问第二次世界大战退伍军人的演讲，由于行程紧张，杰米·杜兰特计划只讲几分钟。但是演讲当天，他却在台上讲了半个多小时。演讲结束后，后台负责人问他：“原计划只讲几分钟

的，怎么你讲了那么久？”杰米回答：“在做完简短的独白后，我本打算离开，但在看到第一排的观众之后，我觉得自己不该这么早结束。”后台人员特地看了一下前排。原来，第一排坐着两个士兵，两人均在战争中失去了一只手，一个失去了左手，一个失去了右手。他们正在一起鼓掌，而且拍的又开心又响亮。

在那两位士兵的身上，体现了一种对生活的热爱以及对生命的珍惜。这来自于他们对生命的感激，相对于那些在战争中失去生命的人来说，他们是幸运的。如果我们还活着，如果我们有健全的四肢，如果我们没有忍饥挨饿，那么，我们有什么理由不对生命充满感激呢？

在我们抱怨生活不如意的时候，想想那些在战争、自然灾害中生命垂危、无家可归的人，我们是不是应该对现在衣食无忧的生活知足呢？在我们因工作的压力而烦躁时，想想路边乞讨的人，想想炎炎烈日下那些在工地上挥汗如雨的工人，他们没有办公楼，没有办公桌，没有空调，忍受的要比我们多很多，我们是不是应该对现在的工作感到知足呢？

如果你是因为没有鞋穿而哭泣，那么请想想那些没有脚的人。我们不应该再抱怨现在所拥有的一切，因为世界上还有很多人所处的环境比我们差很多，他们都没有抱怨，我们还有什么理由抱怨呢？

事实上，我们已经过得很好了，我们能够在偌大的城市拥有自己的房子，哪怕只是租的；我们不用为吃饭发愁；我们拥有着体贴疼爱自己的妻子；我们拥有可爱的孩子；有着依旧对自己牵肠挂肚的父母……我们拥有的已经够多了，还有什么不满意的呢？快乐也是在知足中获得的。

人们常说知足常乐，其实，快乐的根本便是知足、惜福。满足于已有的一切，珍惜拥有的一切，**心里手里全是满满的，便腾不出地方攫取更多的东西了，也就不会为得不到而抱怨了。**

幸福锦囊

◆ 所有的事情都是相对的，无论你遇到多么恶劣的情况，只要能够学会知足，远离抱怨，你就会生活得快乐。

◆ 一个人不知足的时候，即使给他金山银山他也不会快乐，因为他的欲望无尽头，而一个知足的人，即使一贫如洗，也会快乐的生活。

◆ 要想生活得快乐，就永远不要和那些比自己强的人攀比。

第十二章
能逆风而行，才是实力

人生如行船，有顺风顺水的时候，也有逆风逆水的时候。高明的船夫会巧妙地利用逆风，将逆风作为行船的动力。既然困难、坎坷是不可避免的，就不妨将它们当做对自己的挑战和历练。勇于迎接挑战，从苦难中汲取力量，从而迅速成长起来。

当别人看扁我们的时候，只有成绩才是最好的证明

生命就像是在走钢索或凌空飞跃，在危险中锻炼了勇气，在失败中确立了坚强。

——林清玄

人不可能一出生就在聚光灯下成长，很多成功人士都有一段蛰伏地下的艰难岁月，就像蘑菇一样，在它们长到足够大之前，是很难被别人发现的，它们只能在阴暗潮湿的地方默默地成长。

假期的时候，已经读大四的小波慕名来到一家著名的报社，想报名参加他们的假期实习，然而当接待人员得知小波的学校是一所普通院校的时候，就傲慢地把小波的简历丢到了一旁，小波不明所以，就问了一句："您还没看我的简历怎么就把它放一旁了？"

接待人员抬头看了小波一眼，轻轻地吐出一句话："普通大学的学生

暂时不在我们的考虑范围之内。”羞辱与尴尬刹那涨红了小波的脸，在众人的讪笑下小波“落荒而逃”。

许多天过去之后，每次想起接待人员那傲慢的神情，小波仍旧后背发凉，那种羞辱感一直在深深刺痛着他。“不能就这样被别人给看扁了，普通院校怎么了，我就不信我会比别人差！五年后，我一定要成就一番作为！”小波在日记本上写下了上面的一段话，激励自己。

后来，经过努力，小波在另外一家报社得到了实习机会，虽然这家报社没有之前的那家那么有名，但小波并没有放弃努力。实习结束后，由于表现优异，小波留在了那家报社。五年后，小波成为了有名的记者，有很多报社都用高新聘请他，当初拒绝过他的那家报社也向他伸出了橄榄枝，小波来到了那家报社。他发现，当初接待过他的那个工作人员依然在前台做接待工作，当看到小波的时候，他很热情地上来跟小波打招呼，显然他已经忘记了五年前的事情。

直至现在，小波仍然感谢那一次的经历：是它刺激自己用执著战胜了内心深深的失败感。

被别人看扁的时候，痛哭流涕无济于事，唯有努力拼搏，干出一番成绩，才是最明智的回应。如果你现在感到自己被埋没，那么你一定不要悲哀，把这段经历当做人生的一笔宝贵财富来珍藏，这对你的一生会大有裨益。

阿兰·米穆是法国著名的长跑运动员，他是法国一万米长跑纪录的创造者，他连续参加了三届奥运会，并且都取得了优异的成绩。

阿兰·米穆出身贫寒，很小的时候就非常喜欢运动，但是由于家庭贫困，甚至连饭都吃不饱，因此，米穆只能光着脚踢足球、跑步。

12岁时的时候，米穆小学毕业了，妈妈去为他申请上中学的助学金。但是，却遭到了拒绝。没有钱念书，米穆只好去了一家咖啡馆做跑堂的。每天的工作都很辛苦，尽管如此，他还是坚持长跑。为了能进行锻炼，他每天早上五点钟就得起来，累得脚跟都发炎脓肿了。后来，米穆在别人的建议下报名参加了法国田径冠军赛。虽然只进行了短短一个半月的强化训练，但最终在一万米冠军赛中，他仍旧获得了第三名。第二天，他又参加了五千米的比赛并获得了第二名。就这样，米穆被选中参加伦敦奥林匹克运动会，当时的米穆并不知道什么是奥林匹克运动会。

来到伦敦奥运会的赛场之后，米穆震惊了，他从来想象不到奥运会是如此宏伟壮观。

尽管米穆代表的是法国，但是并没有人当他是一名法国选手，没人看得起他。比赛前几个小时，米穆想请人替自己按摩一下，于是他忐忑不安地敲了敲法国队按摩医生的房门。

米穆进去后，按摩医生问他："有什么事吗？"

米穆说："医生，待会儿我要跑一万米，您是否可以帮我按摩一下呢？"

医生一边继续为一个躺在床上的运动员按摩，一边对他说："请原谅，小伙子，我是被派来为冠军们服务的。"

米穆站在那里很尴尬，他知道医生拒绝为自己按摩是因为自己是咖啡馆里的一名小跑堂，后来他只好默默地退出了房间。

下午的时候，天气异常干热，很像暴风雨到来的前夕。比赛开始了，同伴们一个又一个地落在了米穆的后面。米穆成了第四名、第三名。很快，他发现，只有捷克著名的长跑运动员扎托倍克一个人跑在他前面，最后，米穆得了第二名。

就这样，米穆代表法国队赢得了第一枚世界银牌。然而，使米穆感到难受的，是当时法国的体育报刊和新闻记者的行为。他们在第二天早上便边打听边嚷嚷："那个跑了第二名的家伙是谁呀？啊，准是一个北非人。天气热，他就是因为天热而得到第二名的！"这些话深深地刺伤了米穆的心。

四年后，米穆又被选中参加第十五届奥运会。在那里，他打破了一万米法国的纪录，并在随后的五千米决赛中，再一次为法国赢得了一枚银牌。

随后，在第十六届墨尔本奥运会上，米穆参加了马拉松比赛，并成为

了冠军！

终于，全世界都知道了这个名叫阿兰·米穆的小伙子。

被别人看扁的时候，单单痛苦是无济于事的。唯有将痛苦升华，把自己的生命能量，转移到更有创造性的地方去，才会有生命的另一重天地。在你被看扁时，一味强调自己是如何有能力、有才华是没有用的，努力成长才是最重要的。当你有所成就的时候，人们才会对你刮目相看。

幸福锦囊

◆ 失败不只是一次挫折，更是一次机会，因为他告诉了你与成功之间的差距。

◆ 被别人看扁的时候，要努力寻找自己的欠缺，补上这个缺口，你就增长了一些经验、能力和智慧，也就会离成功越来越近。

不怕摔倒，疼痛之后就是脱胎换骨

对于一个有思想的人来说，没有一个地方是偏僻荒凉的，在任何逆境中，他都能充实和丰富自己。

——丁玲

海明威曾经说过："人可以被消灭，但不能被打败！"在人生旅途中，通往梦想的道路上总会遇到大大小小的困难和挫折。此时，抱怨、消沉、哀叹命运……都无济于事。面对挫折和失败，要有宽阔的胸襟，要有无畏的勇气。要记住，**只要你有走出困境的愿望，就没有永远走不出的人生低谷。**

1960 年罗马奥运会女子 100 米决赛上，当威尔玛·鲁道夫以 11 秒 18

的成绩第一个撞线后，全场掌声雷动，所有人都站起来为她喝彩，并将最高的荣誉送给了这位美国黑人运动员。

威尔玛·鲁道夫之所以能取得这么优秀的成绩，全赖于她坚持不懈的努力。

很多人都不知道，威尔玛·鲁道夫原本是一个小儿麻痹症患者，她从小就“与众不同”，不要说像其他孩子那样欢快地跳跃奔跑，就连正常走路都做不到。小时候的威尔玛，因为行动困难而非常悲观和忧郁，常常自怨自艾，认为自己的人生就只能在轮椅上度过了。当时家人都在积极地带她做治疗，她的主治医生告诉她，适当地做一些运动可能会对她恢复健康有益，可是威尔玛像是没有听到一样。

随着年龄的增长，威尔玛的忧郁和自卑感越来越重，她不愿意正视自己的双腿，从来不照镜子，除了家人，她甚至拒绝所有人的接近。唯一的例外就是邻居家那个只有一只胳膊的老人。老人的一只胳膊是在一场战争中失去的，但他非常乐观，整天乐呵呵的，肚子里似乎有说不完的故事，威尔玛非常喜欢听这位老人讲故事。

这天上午，老人推着她来到了附近的一所幼儿园，操场上孩子们动听的歌声吸引了他们。当一首歌唱完，老人说道：“我们为他们鼓掌吧！”她吃惊地看着老人，问道：“你只有一只胳膊，怎么鼓掌啊？”老人对她笑了笑，解开衬衣扣子，露出胸膛，用手掌拍起了胸膛……

尽管还是初春的天气，但是那一刻，威尔玛却突然感觉自己的身体里涌动起一股暖流。老人对她笑了笑，说：“只要努力，一个巴掌一样可以拍响，你要相信自己有一天也能站起来！”

白天发生的事情触动了威尔玛心底的神经，回去后，她请父亲给自己写了一张纸条，贴在墙上，上面是这样的一行字：“一个巴掌也能拍响。”从那之后，她开始积极配合医生治疗。无论康复的过程有多么艰难和痛苦，她都咬牙坚持着。甚至在父母不在时，她还是会扔开拐杖，试着自己走路。尽管一次又一次地摔倒，每一次摔倒都跌得鼻青脸肿，但她从来没想过放弃。她坚持着，她相信自己能够像其他孩子一样行走、奔跑。

她九岁的时候，终于不再需要金属护腿绷带了。威尔玛很高兴，因为

她终于能够跑步，并能像其他孩子们那样玩耍了。

11 岁时，她哥哥在后院立起一个篮球筐，自打那以后，她就每天玩篮球，后来她参加了篮球队，表现出色。后来，有一位教练看中了她，认为她将是一个名优秀的田径运动员，之后，威尔玛又加入了女子田径队。1956 年，16 岁的威尔玛作为美国代表队最年轻的运动员参加了墨尔本奥运会，并在 4×100 米接力中获得了一枚铜牌。

1960 年罗马奥运会上，威尔玛·鲁道夫成为当时世界上跑得最快的女人，她共摘取了三枚金牌。

每个人的生命都是在失败与挑战中度过的。每一次挫折和失败或许都会让人有一种撕心裂肺的疼痛，但如果能换一种思维来看待它，就会不一样。那就是：有的时候，我们就是要体会一下粉身碎骨的痛，因为只有经过疼痛，才能认识到自己的不足。也只有在止痛之后，我们才能够找到前进的方向，取得脱胎换骨的进步和成长。

尽管命运给予了人们各种各样的波折和坎坷，但是我们要明白一点，**困难和坎坷也是人生的一种馈赠**，它能使我们的思想更清醒、更深刻、更成熟、更完美。

所以，**不要害怕失败，在失败面前，只有永不言弃者才能傲然面对一切，取得最终的成功。**

幸福锦囊

◆ 失败之后，不“偃旗息鼓”，不被困难击倒，不向命运屈服，你的人生路就会绽放成功之花。

◆ 许多人之所以会获得最后的胜利，只是因为他们能够做到屡败屡战。

◆ 失败后，只要心灵不被打败，上天定会给你一个反败为胜的机会。

所有的失败都是在为成功做准备

每个人都面临着挫折和失败的可能，这是我们每个人人生经历的一部分。

——柳传志

人生在世，没有谁的路是一帆风顺的。很多时候，尽管你事先做了各种各样的准备，但失败仍是生活中不可避免的一部分。如果你能明白，失败只不过是人生必然要经历的过程，所有的失败都是在为成功做准备，那么你一定不会被失败击倒。

在伦敦的一家科学档案馆里，陈列着英国物理学家法拉第的一本日记本，这本日记本非常奇特：

第一页上写着：“对！必须转磁为电。”

以后，每一天的日记除了写上日期之外，都是写着同样的一个词：“No”(不)。从1822年直到1831年，整整十年，每篇日记都如此。

只是在这本日记的最后一页，才改写上了一个新词：“Yes”(是的)。

这究竟是怎么回事呢？

原来，1820年，丹麦物理学家奥斯特通过研究发现：金属线通电后可以使附近的磁针转动。这一发现引起了法拉第的思考：既然电流能产生磁，那么反过来，磁能否产生电流呢？于是，法拉第开始研究磁能否生电的课题，并为此做了大量的实验。

十年过去了，经过实验——失败——再实验……法拉第终于成功了。他用实验证实了磁也可以生电，这就是著名的电磁感应原理。正是这个著名的原理，为发电机的诞生奠定了基础。

爱迪生曾经说：“失败也是我所需要的，它和成功一样对我有价值。只有在我知道一切做不好的方法以后，我才知道做对一件工作的方法是什么。”

多次的失败并不表明你是一个失败者，只表明你正在用失败铺路，一步一步地接近辉煌。多次的失败并不表明你是一个屡战屡败、经不起挫折的懦夫，只表明你是一个屡败屡战、勇往直前的勇士。

法拉第的那本日记，表面看起来似乎单调和乏味，可是换个角度来看，给人的启发却是深刻的：多次的失败并不表明你一无所获，而是表明你得到了宝贵的经验，表明你也许要变换方式另辟蹊径。所有的失败，都是在为成功做准备。

十年来，法拉第面对失败，并没有气馁，而是选择了用坚持不懈的努力回击了一次次的挫折。他用自己的行动给“失败乃成功之母”这句名言作了绝妙诠释。

失败并不可怕，可怕的是一个人面对失败时斗志的消失。成功总是需要艰辛的付出的。想一想身边那些有所成就的人，他们为什么会取得成功？当然和他们持之以恒的努力是分不开的。他们并不是每一次都会获得成功，但是每一次失败，都会成为他们前进的动力，为他们下次的成功积淀力量。

因此，我们不能惧怕失败，失败是检验一个人的试金石，在一个人输得只剩下生命时，潜在心灵深处的力量就会爆发？没有勇气，没有拼搏精神，自己认输的人，才是一个失败的人；那些无所畏惧，一往无前，坚持不懈的人，才会在失败中崛起，奏出人生的华章。

真正的强者，无论遭遇怎样的失败，都不会失去斗志，只有这样的人才能获得最后的胜利。正如温特 · 菲力所说：“失败，是走上更高地位的开始。”

失败不可避免，失败也并不可怕，关键是面对失败，我们作何反应。如果我们能够像把失败看做自己成功的一个步骤，在失败中学习，那我们迟早能叩开成功的大门。

人生道路上，并不只有成功才是收获，失败也是一种收获。人生如果少了失败，那将会是一种缺憾；人生经历失败，才会更加绚丽多彩。

幸福锦囊

◆ 失败是迈向成功的阶梯。任何成功都是在无数次的失败之后才诞生的。

◆ 失败不代表人生的终结，它的背后，或许就是成功，就看你是否有勇气站起来去寻找。

◆ 失败教给人们的东西，可能要比成功还要多。

在顺境中修行，永远不能成佛

不因幸运而故步自封，不因厄运而一蹶不振。真正的强者，善于从顺境中找到阴影，从逆境中找到光亮，时时校准自己前进的目标。

——易卜生

常常听到人们这样说：逆境出人才。佛教中也有类似的话：人在顺境中是不能修行成佛的，人只能在逆境中修行。人最出色的工作往往是在处于逆境的情况下做出的。逆境是对人生的一种考验，也是对人生的一种磨炼。

生活在世上，不可能永远走平坦的路。佛曰：逆境是增上缘。一个人要想变得更坚强，就应该接受逆境的磨炼；顺境不一定是好事，但逆境也不一定就不好。在顺境中修行，是永远也无法成佛的。我们现在的生活，因为有苦，所以人会努力、思考、进取，才会思变，才会改变和领悟。

面对逆境，你要有乐观的心态，相信有失必有得。花草的种子失去了在泥土中的安逸生活，却获得了在阳光下发芽微笑的机会。小鸟失去了几根美丽的羽毛，却经过跌打，获得了在蓝天凌空展翅的机会。无论逆境、

艰难困苦，都不应该成为阻挠我们前进的障碍。

前加拿大总理克雷蒂安出生于一个平民之家，父亲是一名普通的工人，他家里一共有 19 个孩子，他排行 18。克雷蒂安因为先天性的缺陷，导致左脸偏瘫，嘴角畸形，左耳失聪。说话和微笑的时候嘴巴总是歪向一边，由于左脸偏瘫，他说话也是含糊不清。跟小伙伴一起玩耍的时候，他总是小伙伴们嘲弄的对象。

后来，克雷蒂安在书上看到古代一位有名的演讲家，通过口含小石子练习口才，他照做了，整日在嘴里含着一块小石子练习讲话，以致嘴巴和舌头都被石子磨烂了。母亲看到后很心疼，她哭着对儿子说："克雷蒂安，不要练了，妈妈会一辈子陪着你的。"克雷蒂安一边替妈妈擦着眼泪，一边坚强地说："妈妈，听说每一只漂亮的蝴蝶，都是自己冲破束缚它的茧之后才变成的。我一定要讲好话，做一只漂亮的蝴蝶。"

后来，克雷蒂安终于能够流利地讲话了。他勤奋并善良，中学毕业时不仅取得了优异的成绩，还收获了极好的人缘。

1993 年 10 月，克雷蒂安参加加拿大全国总理大选时，他的对手大力攻击、嘲笑他的脸部缺陷。在竞选的过程中，对手曾极不道德、带有人格侮辱地当众羞辱他："你们要这样的人来当你们的总理吗？"然而，对手的这种恶意攻击却招致大部分选民的愤怒和谴责。当人们知道克雷蒂安的成长经历后，都给予了他极大的同情和尊敬。在竞争演说中，克雷蒂安诚恳地对选民说："我要带领国家和人民成为一只美丽的蝴蝶。"最后他以极高的票数当选加拿大总理，并在 1997 年成功地获得连任，他也被加拿大人民亲切地称为"蝴蝶总理"。

逆境，对弱者是灾难，对强者却是激励。逆境之所以出人才，是因为人能够正视生活中的种种困难，有迎难而上的精神，有坚持不懈的意志。逆境是块磨刀石，它能磨砺出奋发向上的意志和百折不挠的精气神，逆境是所学校，人能在这里学到丰富的人生智慧。

所以，我们要乐于迎接人生中的每一个逆境，只有这样，我们才能更好地成长。在逆境中无所畏惧者，都有一部血与泪交织的奋斗史。现实是残酷的，也正由于其残酷，才精彩和美丽。只有在逆境中不断锤炼，才能锻造出铁的品质。

幸福锦囊

◆ 逆境也是培养强者的土壤。

◆ 任何时候，都不要因为遭遇逆境而气馁，逆境不会一辈子伴随你，阴云之后的阳光很快就会来临。

◆逆境面前，只要我们拥有永不服输的心态，就能在逆境中踏出一条新路，就有希望摘取成功的桂冠。

遇到不顺的时候，告诉自己不过是从头再来

困难和折磨对于人来说，是一把打向坯料的锤，打掉的应是脆弱的铁屑，煅成的将是锋利的钢刀。

——契诃夫

昨天所有的荣誉，已变成遥远的回忆
勤勤苦苦已度过半生，今夜重又走入风雨
我不能随波浮沉，为了我挚爱的亲人
再苦再难也要坚强，只为那些期待眼神
心若在，梦就在，天地之间还有真爱
看成败，人生豪迈，只不过是从头再来

相信刘欢的这首《从头再来》很多人都不陌生，“看成败，人生豪迈，只不过是从头再来”，刘欢用他粗犷、豪迈的歌声告诉我们，重新起跑并非是一件坏事，我们完全可以准备好从头再来。

英国史学家卡莱尔翻阅了大量的资料，呕心沥血，经过多年的努力，终于完成了《法国大革命史》的全部文稿。文稿完成后，他将这本巨著的原件送给他的一位朋友阅读，请他批评指教。

几天后，朋友突然来访，脸色苍白、浑身发抖，卡莱尔赶快请朋友进屋坐下，犹豫再三，朋友终于开口了。原来卡拉尔写的《法国大革命史》的稿件，被朋友家的女佣当做废纸，扔进火炉化为灰烬了，仅留下几张散页。

卡莱尔听到这个消息，如五雷轰顶，半天回不过神来，那可是他花了大量的时间和精力才撰写完成的。成稿后，他将以前的笔记都销毁了，现在卡莱尔的手边也没有任何记录了。

尽管之前的所有努力都已化为乌有，但卡莱尔并没有被击垮。第二天，他重振精神，又从市场上买来了一大沓稿纸，开始重新编写《法国大革命史》。对此，卡莱尔说："这一切就像我把笔记簿交给小学老师批改时，老师对我说：'不行！孩子，你一定要写得更好些！'因此，我只有重新开始。"

我们现在所读到的《法国大革命史》，正是卡莱尔重新写过的。

无论是面临自然灾难还是人生难题，我们都应有一切不过从头再来的勇气和决心。不知你是否还记得学骑自行车的情景——摔倒了，裤子碰破了，流血了，虽然有钻心的疼痛，但你并没有因此放弃，而是坚强地站起来，拍拍灰尘，扶起自行车继续练习。虽然明知道接下来可能还会摔得鼻青脸肿、鲜血直流，但为了尽快学会自行车，你还是坚持了下去。摔倒了再起来，又摔倒了又起来……直到学会为止。小时候我们都知道一切不过从头再来，更何况长大后的我们呢？

向往成功，害怕失败，这是人之常情。但是，人的一生，不可能总是一帆风顺、事事顺心，难免会遭受挫折，甚至失败。此时，如果你仅仅把目光拘泥于失败的伤痛上，那你将很难抬头向前看，更不会获得成功。从某种意义上来说，**失败标志着一个新的起点，它是通向成功道路上的一道绚丽风景，是重新开始的一块基石。**

1914年12月，爱迪生的实验室发生了一场大火，那场大火几乎将爱迪生一生的心血和成果化为乌有。

大火烧得最凶猛的时候，爱迪生24岁的儿子查里斯在浓烟和废墟中发疯似的寻找着父亲，他担心老父亲承受不了这巨大的打击而发生意外。后来，查理斯找到爱迪生时，爱迪生正平静地看着熊熊燃烧的大火。看着父亲的白发在寒风中飘动，大火将父亲的脸映的闪亮。查里斯心里很难过。那时候，爱迪生已经67岁了，已经不再年轻，而他一生所有的一切都在他眼前被大火吞噬得一干二净。

这时，爱迪生看到了儿子，对儿子说：“查里斯，你的母亲呢？去把她叫来，她这辈子恐怕再也见不着这样壮观的场面了。”

火灾后的第二天，爱迪生来到已烧成一片废墟的实验室，对儿子说道：“灾难自有它的价值。瞧，我们以前所有的谬误、过失都给大火烧个一干二净，感谢上帝，这下我们又可以从头再来了。”

面对这样沉痛的打击，爱迪生依然乐观。这场大火并没有烧掉爱迪生的发明热忱，火灾才刚过去三个星期，他就开始着手推出他的第一部留声机。这只是爱迪生发明创造的开始。在接下来的数十年中，一项又一项的发明在他手中诞生。

灾难、失败并不可怕，可怕的是我们丧失斗志，失去信心。人生茫茫，难免会有很多的困难和坎坷。我们应该勇敢地面对它们，绝不能被打倒。

“看成败，人生豪迈，只不过是从头再来。”人生就应该如此——从哪儿跌倒，从哪儿爬起，把困难和坎坷都踩在脚下。

幸福锦囊

◆ 人生本来就是一连串的结束与开始，何苦太过执著于眼前的不顺心呢？浪费时间去哀叹，不如重新上路。

◆ 在失败中踏出一条新路，才有希望摘取成功的桂冠。

◆ 遇到失败、挫折，选择勇敢面对，重新开始，你会看到更多更美的风景，你也会得到更大的收获和快乐。

低谷的短暂停留，是为了向更高峰攀登

只有永远躺在泥坑里的人，才不会再掉进坑里。

——黑格尔

有位哲学家曾经说过："失败，是步入更高的开始。"检验一个人，最好是看他在失败时的表现：失败后他是否有勇气再次站起来？失败后他是否会更加努力？失败后他是否能发掘自身的潜力？失败后他是更加坚定信心，还是就此心灰意冷……

在失败和挫折面前，我们必须有永不言败的心。**一个人，跌倒不算失败，跌倒了站不起来，才是失败**。

2008 年北京奥运会上，菲利普斯无疑是最闪耀的明星之一。当美国队在北京奥运会游泳男子 4×100 米混合泳接力比赛中夺冠，并打破世界纪录后，泳池旁的菲尔普斯激动得跳起来，和队友们紧紧拥抱在一起。这已经是菲尔普斯在北京奥运会上夺得的第八枚金牌。在历届奥运会上，还从来没有人独揽八枚金牌，真可谓是前无古人。

在 2008 年 8 月，北京的水立方，菲尔普斯创造了令人大为惊叹的八金神话，无比荣耀地登上了他人生的巅峰。

当时光飞逝，到 2009 年 2 月初的时候，当时大部分北半球的国家还

处于寒冷的冬季，有媒体曝光了一条令人大跌眼镜的消息——菲尔普斯在吸食大麻！听到这个消息，很多人都难以置信，但是事实摆在眼前，由不得你不信。媒体哗然了，曾经无限闪耀的菲尔普斯竟然会以这样的方式再次让人们瞠目结舌。

原来，北京奥运会结束后，菲利普斯就放弃了训练，流连于各个俱乐部、夜店，他甚至还跑去赌城拉斯维加斯豪赌……私生活一度委靡堕落。此时，他不再注重自己的形象，也不再严格控制饮食，那一时期，菲利普斯的体重增加了至少六公斤。有媒体评论说："这是有史以来最胖的菲尔普斯，他更像是明星，而不是运动员。"

大麻事件曝光后，菲尔普斯痛心疾首，公开向公众真诚致歉并表示会痛改前非，很多喜欢他的人都采取了宽容的态度，美国游泳协会对菲尔普斯的处罚是禁赛三个月。

相对于2008年夏天北京奥运会上的风光无限，2009年初大麻事件后，菲尔普斯无疑正处于人生的低谷。

其实，每个人都会有处于人生低谷的时候，或许，现在你就处于人生的低谷，不知道自己该干什么，迷失了生活的方向。我们的人生不可能永远处于高潮，对于我们来说，每一次低谷都很关键，如果能够顺利走出，我们将会走得更远；如果深陷低谷而不能自拔，那后果可想而知。

人生的每一次的低谷都隐藏着成功的机会，但是如果这个低谷持续太久，我们可能会对自己失去信心。那么我们怎样才能尽快地走出人生的低谷呢？

首先，要学会接受。我们每个人都会有低谷的时候，这个时候，要学会接受，如果你抗拒——"我怎么能这么懦弱？""我怎么会遇到这种事情？"时，那你的痛苦就会加剧，就会陷入痛苦的深渊。假如你最亲近的人去世，你肯定会十分痛苦，但是你必须要接受它，因为你越抗拒，痛苦持续的时间就会越长，你面临的人生低谷也会更加漫长。

其次，要相信一切都会过去。要相信眼前的低谷终究会过去，虽然现在你正在处于低谷当中，但是一定要相信自己能够迈过这个坎，而且通过这次的历练，你会变得更加成熟。

伟大的所罗门王曾经做过一个梦，在梦里，有一位智者告诉了他一句至理名言，并且告诉他，如果能够记住这句话，就可以让人在得意时不骄傲，失意时不痛苦。但是，所罗门王醒来后却忘记了那句话是什么。于是，他召集了王国当中最有智慧的长者，请他们想出那句话，并给了他们一枚戒指，让他们把那句话刻在戒指上。几天后，所罗门王收到了戒指，上面刻着:“一切都会过去！”

是啊，一切都会过去的。**当你感到情绪低落时告诉自己：一切都会过去的**。

最后，学会调整自我。陷入低谷时，不妨做一些自己喜欢的事，有些时候需要转移注意力。也许当生命之神把你抛入谷底时，也是你人生腾飞的最佳时节。调整自己的情绪，走出人生的低谷，摆在你面前的，就是一片坦途。

其实，人生的低谷就像开车遇到红灯一样，短暂的停留是为了放松紧张的精神，甚至可以看看是否走错了方向。人生是一次长途旅行，如果没有这种短暂的休息，也就没有精力去继续未完的路。生命有高潮也有低谷，低谷的短暂停留是为了整顿自我，向更高峰攀登。

幸福锦囊

◆ 当一个人处于人生的低谷时，正是好好反省、重新认识自己的时候。

◆ 人处在顺境中时得意是非常自然的事情，但是能在低谷中苦中寻乐，让心情归于平静，去重新认识自己，并不是一件容易的事。

◆ 昨天在昨天已经结束，今天对于明天来说就成为了历史，每天都是一个新的开始。世界上所有的一切都会过去的，不论是成功或失败，快乐或悲伤，凡事只要尽力而为，问心无愧即可。

第十三章
放下怨恨，学会包容

面对逆境与挫折，人们习惯愤愤不平、习惯抱怨，但问题是，这些能帮我们解决问题吗？答案是否定的。既然如此，就需要我们学会自我安慰、自我疗伤。只有放下那些不平与怨恨，用宽广的胸怀包容不愉快，才能在束缚中得到解脱。而且，原谅别人的同时，自己也会得到释放。

放下怨恨，宽容彰显人格魅力

以恨对恨，恨永远存在；以爱对恨，恨自然消失。

——释迦牟尼

在这世上，怨恨无法停止怨恨，只有宽容才能使怨恨停止，这是永恒的真理。有时候，**怨恨就像是一根扎在心上的刺，不仅难以拔去，还带着剧毒**。要想拔去这根毒刺，唯一的方法就是学会宽容。

我们都知道，南非著名的民族斗士曼德拉曾经因为领导反对白人种族隔离的政策而入狱，白人统治者将他关在荒凉的大西洋小岛罗本岛上，谁也没想到，这一关就是 27 年。尽管当时曼德拉年事已高，但看管他的人

并没有因此对他有丝毫的松懈，仍然像对待年轻人一样对待曼德拉。

罗本岛上岩石密布，到处是海豹、蛇和其他危险的动物。曼德拉被关在一个锌皮房里，因为他是要犯，所以看守他的人有3个。他们对他并不友好，总是找各种理由虐待他。有时候他们让曼德拉下到冰冷的海里去捞海带，有时候他们让曼德拉去挖石灰——每天早晨排队到采石场，然后解开脚镣，在一个很大的石灰石场里，用尖镐和铁锹挖石灰石……在这样残酷的环境中，曼德拉一待就是27年。

1991年，曼德拉出狱并当选为南非总统，在就职典礼上，曼德拉的一个举动震惊了整个世界。

总统就职仪式开始后，曼德拉起身致辞，欢迎来宾。他依次介绍了来自世界各国的政要，然后他说，能接待这么多尊贵的客人，他深感荣幸，但他最高兴的是，当初在罗本岛监狱看守他的3名狱警也能到场。随即他邀请他们起身，并把他们介绍给大家。

曼德拉的博大胸襟和宽容精神，令那三名狱警尴尬万分，也让所有到场的人肃然起敬。看着年迈的曼德拉缓缓站起，恭敬地向三个曾看守他的狱警致敬，在场的所有来宾都安静下来了。

后来，曼德拉向朋友们解释说，自己年轻时性子很急，脾气暴躁，正是狱中的生活使他学会了控制情绪，因此才活了下来。牢狱岁月使他学会了如何处理自己遭遇的痛苦。他说，感恩与宽容常常源自痛苦与磨难，必须通过极强的毅力来训练。

曼德拉在自传中谈及获释当天的心情时，这样写道："当我迈过通往自由的监狱大门时，我已经清楚，自己若不能把悲痛与怨恨留在身后，那么我其实仍在狱中。"

的确如此，生活中，**假如我们不能放下怨恨，我们就会生活在自己建造的心灵牢狱中**。要知道，怨恨不会给被怨恨的人带来任何不利，而最大的受害者其实是怨恨的当事人。已经发生的事早已无法挽回，因为无法挽回的过去错过现在、甚至是将来，是不值得的。很多时候，人们在内心深处，将自己曾受到的伤害扩大了十倍、百倍、甚至千倍。更有甚者，为一件小事而耿耿于怀，长时间的久久不能释怀，以至于整日闷闷不乐。这就好像是扎在人心里的一根刺，起初不算很疼只有些别扭，如果能及时将它拔去，就并不会对人有太大的伤害，顶多会疼一阵子，然后就会慢慢好起来。但是，如果不将这根刺拔去，时间久了，它就会感染伤口，严重的甚至会威胁到人的生命安全。因此，我们应该根除心中的怨恨，这样做不仅是为别人着想，更是为了自己。而根除怨恨的最好的办法，就是学会宽容。

耶稣曾经说过："爱你的仇人。"这是因为，怨恨不仅会造成人与人之间的敌对，还会加重当事人对生活的不安与忧虑。相反地，**如果以宽容之心去包容痛苦的遭遇，不幸、怨恨就将会远离我们**。

宽容是一种美德，是每一个想成就大业的人必须具备的素养；宽容不是软弱，而是一种极高的个人修养，非一般人能具有。综观历史，成大业者，小心眼的寥寥无几，大度之人却俯拾皆是。若想寻求快乐的生活之道，宽容一定是一堂必修课。

宽容能融洽气氛，交流情感，活跃思想，从而获得真话、真知、真情；宽容是一种气度，是一种胸襟，是一种修养。宽容别人的过失，就意味着给别人醒悟的时间和悔过的机会。多一分宽容，就会少一份怨恨。

幸福锦囊

◆ 放下怨恨，不仅是对他人的宽恕，更多的是对自己的解脱。

◆ 宽容你的仇人，会让你少一个敌人，甚至是多一个朋友。只要你主动伸出和解之手，再深的心结也能够化解。

◆ 不论是想成就一番不平凡的事业，还是想快乐地度过平凡的一生，学会宽容都是一堂人生的必修课。

蚌含沙而孕珍珠，人大量而立天地

以七乘七十倍的宽容，来赦免你的敌人，这样可以减少你患高血压、心脏病、胃病的机会。

——安妮·森德伯克

有人说，蚌育珍珠，其实是在痛苦中形成的：蚌的身体进了沙砾，但是蚌没有办法把沙砾吐出体外，因此，蚌便从体内分泌出一种物质，将沙砾紧紧地包裹起来，然后在体内逐渐变大，经过长时间与体内肌肉的摩擦，最后便形成一个个色泽圆润晶莹美丽的珍珠。

曾经在杂志上看到过这样一个小寓言：

有一只小蚌在饱餐之后，和同伴在海底尽情地嬉戏。就在这时，一粒沙子钻进了它的体内。小蚌开始并没有察觉到什么异样，但是，时间一久，沙子不断地摩擦小蚌娇嫩的肌肉。日复一日，小蚌痛苦难耐。它用尽各种办法试图摆脱这种痛苦，可每一次都失败了。最后小蚌去找无所不知的老蚌，向老蚌述说了自己的烦恼。老蚌笑呵呵地说："孩子，你别无选择，只能去包容那粒沙子。"小蚌听了老蚌的话，从此不再挣扎，默默地承受着体内的疼痛。终于有一天，那粒沙子变成了一颗晶莹圆润的珍珠，而它也成了一只高贵的蚌。

这不过是一个美好的寓言，但是相信每个人都会从这个寓言里领悟到一些道理。也许我们每个人的心中都有一粒沙，日夜折磨着我们疲惫的生命，但是，其中又有多少人能对此报以宽容的一笑呢？生活中，如果我们的气量能够大一些，那么我们就会生活得更加惬意。

气量是一种高尚的人格修养，**有气量的人，很少计较一城一地的得失，常得之淡然，失之泰然**。有气量不仅意味着一种超然，更是一种智慧、一种胸襟。

2004 年雅典奥运会，在男子体操单杠决赛中，28 岁的俄罗斯老将涅莫夫第三个出场，他在杠上一共完成了直体特卡切夫、分体特卡切夫、京格尔空翻、团身后空翻两周等连续六个精彩绝伦的空翻和腾跃，这些动作一气呵成，非常完美，只是在落地时出现了一个小小的失误——向前移动了一小步。

涅莫夫的表演结束后，观众席上掌声如雷。大家都以为涅莫夫会拿到一个高分。但是当记分牌上显示分数的时候，观众愤怒了！涅莫夫几近完美的动作，裁判只给了他 9.725 分！

全场观众全都站立起来，不停地喊着："涅莫夫！""涅莫夫！"同时，观众不停地挥舞手臂，用持久而响亮的嘘声，表达自己对裁判的愤怒。

比赛被迫中断，第四个出场的美国选手保罗·哈姆虽已准备就绪，却只能尴尬地站在原地。

此时，已退场的涅莫夫从座位上站起来，露出了成熟的微笑，向朝他欢呼的观众挥手致意，并深深地鞠躬，感谢观众对自己的喜爱和支持。

涅莫夫的大度反而进一步激发了观众的不满，嘘声更响了，很多观众甚至做出了一些不雅的动作。

顶着巨大的压力，裁判被迫重新打分，这一次涅莫夫得到了9.762分，但是显然这个分数还是跟观众心目中的分数相差甚远。裁判的退让不但不能平息观众的不满，观众的嘘声反而更大了。这时，准备开始比赛的保罗·哈姆只能僵立在原地。

这时，涅莫夫又走到台上，他先是举起强壮的右臂表示感谢观众的支持，接着伸出右手食指做出噤声的手势，请求观众给保罗·哈姆一个安静的比赛环境，然后具有大将风范的双手下压，要求观众们保持冷静。

观众渐渐安静了，中断了十几分钟的比赛得以继续进行。

最终，涅莫夫没有拿到金牌，但是他成为了观众心目中的"冠军"。他的风度，赢得了全世界人民的尊敬。

这就是气量的魅力。气量，反映的是一个人的素养和品性。气量的真正内容是宽容，宽容地对待他人，忍受一时的委屈，却能实现比自己的得失更加有价值的愿望。

要做到，宽容他人，就必须做到互谅、互让、互敬、互爱。互谅就是彼此谅解，不计较个人得失。人都是有感情和尊严的，既需要他人的体谅，也有义务体谅他人。互让，就是彼此谦让，不计较得失。心底无私天地宽，淡泊名利，摒弃私心杂念，相互之间的矛盾就容易化解。对个人得失斤斤计较，是难以与他人和睦相处的。互敬，就是彼此尊重，不计较我高你低。尊重别人是一种美德，“敬人者，人自敬之”，尊重别人，自然会获得别人的好感和尊重。如果无视他人的存在，不尊重他人，就不会有知心朋友。互爱，就是彼此关心，不计较相互间的差异，爱能包容大千世界，使千差万别、迥然不同的人和谐地融为一个整体；爱能融化隔膜的坚冰、抹去尊卑的界线，使人们变得亲密无间；爱能化解矛盾芥蒂，消除猜疑、嫉妒和憎恨，使人间变得更加美好。

幸福锦囊

◆ 宽容的人，能够平等待人，不自认为高人一等。宽容的人，拥有宽阔的胸襟，胸怀坦荡，虚怀若谷，闻过则喜，有错就改。宽容的人，能够仁厚待人，能容人之过。

◆ 学会宽容，世界会变的更加广阔；忘却计较，人生才会永远快乐。

心中仇恨越多，反作用力就越大

一个伟大的人有两颗心，一颗心流血，一颗心宽容。

——纪伯伦

古希腊神话中有一位大英雄叫海格力斯。

一天，他走在坎坷不平的山路上，发现路上有个袋子似的东西挡住了他的去路。走到跟前，海格力斯飞起一脚，踢了那东西一下，谁知那东西不但没被踢飞，反而膨胀起来，变成原来的两倍大。海格力斯不甘心，又踢了一脚，袋子又变大了！海格力斯恼羞成怒，操起一根碗口粗的木棒不停地敲打袋子，没想到袋子竟然不断地膨胀，一直膨胀到把路堵死了。

正在这时，山中走出一位圣人，急忙阻止海格力斯的行为，并告诉他说："朋友，赶快停下来！别再动它，忘了它，离开它远去吧！"

海格力斯不解，询问圣人："这是什么东西，怎么这么奇怪？"

圣人告诉他："它叫仇恨袋，你不侵犯它，它便小如当初；你若侵犯它，它就会膨胀起来，挡住你的路，与你敌对到底！"

海格力斯听完，放下木棒，扭头走了。

仇恨是人性中的劣根，它隐藏在人性的深处，平时不常出来活动，但是一旦触及，它便会迅速地膨胀，控制人的思想。生活中，我们难免会受到伤害，每个人心中都或多或少地埋有仇恨的火种，而我们所能做的，就是用人性美好的甘泉去浇灭那些忽闪忽隐的火星，千万不能让仇恨之火肆虐，因为它会在烧伤别人的同时也烧伤自己。

从前，一座寺庙里有一位德高望重的老禅师，每天都有很多人去请他解答疑问，或者拜他为师。这天，寺里来了十多个愁眉不展的人，他们都是因为心中充满了仇恨而活得痛苦的人。他们来这里就是想请老禅师替他们想一个办法，消除心中的仇恨。

老禅师得知他们的来意后，带他们来到一个禅房，指着一堆铁饼告

诉他们："这样，你们把自己所仇恨的人的名字一一写在这些铁饼上。"那些人听了，迫不及待地写了起来，不一会儿，每个人的面前都有了不少铁饼。看他们写得差不多了，老禅师告诉他们："接下来，请你们将你们的'仇人'都背起来。"众人一一照办了。

于是那些仇恨少的人就背上了几块铁饼，而那些仇恨多的人则背起了十几块，甚至几十块铁饼。

一块铁饼有两斤重，背几十块铁饼就有七八十斤。不一会儿，那些仇恨多的人就受不了了。他们问禅师："禅师，能让我放下铁饼来歇一歇吗？"老禅师来到铁饼背的最多的那个人面前，问他："你现在很难受，对不对？其实，你们背的哪里是铁饼，分明就是你们的仇恨，铁饼虽然可以放下，但是，仇恨你们可曾放下过？"

听了老禅师的话，大家窃窃私语："我们是来请他帮我们消除痛苦的，可他却让我们如此受罪，还说是什么有德行的禅师呢……"

老禅师虽然老了，但是耳聪目明，他听到众人的议论，一点也不生气，反而微笑着对大家说："我让你们背铁饼，你们就对我仇恨起来了，可见你们的仇恨之心不小呀！我让你们再背半个小时！"

这时，有人忍受不了了，高声叫起来："我看你是在想法子整我们，我不背了！"那个人说着就将身上的铁饼放下了。接着又有人将铁饼放下了。老禅师看在眼里，笑而不语。终于，大部分人都撑不住了，有人悄悄地将身上的铁饼取出一些扔了，有人干脆放下了身上所有的铁饼。

半个小时后，老禅师告诉大家："现在半个小时过去了，都放下吧！"大家一听立即就将铁饼放了下来，然后坐在地上休息。

老禅师接着说："现在，你们肯定都感觉十分轻松吧。其实，你们心中的仇恨就好像那些铁饼一样，你们一直背着它，因此会觉得痛苦难当。如果你们能像放下铁饼一样放下自己心中的仇恨，你们也就会如释重负，不会那么痛苦了！"

大家听了老禅师的话，恍然大悟。老禅师接着说道："你们背铁饼才背了不到一个小时，就觉得痛苦难忍，可是你们却时刻将仇恨背在身上，这就是你们痛苦的根源所在。要想消除痛苦，首先要做的就是要放下仇恨，不要让仇恨跟着你一辈子。一个人如果不肯忘记自己心中的仇恨，不能原谅别人，就是自己在仇恨自己，自己跟自己过不去，自己让自己受罪！仇恨越多的人，也就活得越苦。一个没有仇恨之心的人，才能活得快乐！”

老禅师的一番话，让所有人幡然醒悟。

其实，我们每个人的心中都有一个仇恨袋，当你与别人产生误会、发生摩擦时，你的仇恨袋就开始跃跃欲试，一旦碰它，它就开始膨胀，最终会挡住你通向幸福与成功的路。

心中的仇恨越多，对自己的伤害也就越大。因此，遇到伤害，我们需要做的就是学会宽容，学会忘记。

幸福锦囊

◆每个人都有自己的痛苦，也都有自己的伤疤，如果经常去触碰它，不但旧伤难以愈合，还会增添新伤。因此，我们要学会宽容，学会忘记。忘记昨日的是非，忘记别人对自己的指责和谩骂……只有学会忘却，生活才有阳光，才有欢乐。

◆ 根除仇恨的关键是不要记仇，忘记它，如果不能则最好远离它。

◆ 抛却心中的仇恨，我们才能享受心中的安详、静谧、和谐和从容。

化干戈为玉帛，记恨千年不如一世和气

紫罗兰把它的香气留在那踩扁了它的脚踝上，这就是宽恕。

——马克·吐温

有一位年轻的指挥官，接到上级的命令，奉命驻守战场，敌人的进攻很疯狂，他们很快就支撑不住了。又一枚炮弹在身边炸开，指挥官大脑嗡的一声，然后就失去了知觉。等到他醒来的时候，他被眼前惨烈的景象惊呆了，几乎所有的士兵都丧命于敌人的刀剑之下。

他拖着疲惫的身躯四处察看，希望能找到幸存者，转了一大圈，终于发现了一个年老的炊事员，他的胳膊中了一枪，但是看样子并不严重。就这样，两个地位悬殊的人被命运推到了一起，一个是年轻的指挥官，一个是年老的炊事员。

后面还有追兵，两个人只能选择一个方向——沙漠逃命。追兵追到沙漠的边缘，不再追下去，因为他们不相信有人会从那里活着出去。

“请带上我吧，丰富的阅历教会了我如何在沙漠中辨认方向，我会对你有用的。”老人哀求道。指挥官下了马，他认为自己已经没有了求生的资格，他望着老人花白的双鬓，心里不禁一颤：由于我的无能，几万个鲜活的生命从这个世界上消失，我有责任保护这最后一个士兵。他扶老人上了战马。

到处是金色的沙丘，在茫茫的沙海中，没有任何标志物，很难辨认方向。“跟我走吧。”老人说。指挥官跟在他的后面，灼热的阳光将沙子烤得如炙热的煤炭一样，他们没有水，也没有食物。老人说：“把马杀了吧！”年轻的指挥官愣了一下，旋即照做了。

之后，他们又在茫茫沙海中走了半天。老人说：“我走不动了，现在，马没了，就请你背我走吧！”指挥官一怔，心想，你有手有脚，为什么要人背着走，这要求太过分了。但转念一想，老人之所以要在茫茫沙海中逃

生，全是自己的不称职导致的。他弯下腰，背起老人往前走去，大漠上留下了一串深陷且绵延的脚印。

一天，两天……他们记不清自己走了多少天，但还是没走出茫茫的沙漠，茫茫的沙漠好像无边无际，到处是灼烧的沙砾，满眼是弯曲的线条。白天，年轻的指挥官是一匹任劳任怨的骆驼；晚上，他又成了体贴周到的仆从。然而，老人的要求却越来越多，越来越过分。他会将两人每天的食物吃掉一大半，会将每天定量的马血喝掉好几口。指挥官从没有怨言，他只希望老人能活着走出沙漠。

他俩越来越虚弱，直到有一天，老人奄奄一息了。

“你走吧，别管我了。”老人说，“我不行了，你自己去逃生吧。”

“不，我已经没有了生的勇气，这些天，我之所以活着，只是希望你能活着。”

一丝苦笑浮上了老人的面容，“难道你就没有感到这些天来我一直在刁难、拖累你吗？”

指挥官摇了摇头，“我想让你活着，你让我想起了我的父亲。”老人缓缓地解下了身上的一个布包，递给年轻人，“拿去吧，里面有水，也有食物，还有指南针，你朝东再走一天，就可以走出沙漠了……”说完这些，老人缓缓地闭上了眼睛。

“你醒醒，我不会丢下你的，我要背你出去。”年轻人摇着老人，老人勉强睁开眼睛，“你真的认为沙漠这么漫无边际吗？其实，只要走三天，就可以走出去。这些天，我一直在带着你兜圈子。因为我亲眼目睹了我的两个儿子倒在在了敌人的枪口下，这全是你造成的。我恨你！我曾想与你同归于尽，一起耗死在这无边的沙漠里，因此这些天一直在不停地刁难你、折磨你，但是你却一直包容、忍让，我被你的宽容大度征服了。只有能宽容别人的人，才能得到他人的宽容。”老人永久地闭上了眼睛。

指挥官震惊了，他仿佛又经历了一场战争，一场人生的战斗。此时，他才明白：武力征服的只是人的躯体，只有靠爱和宽容才能赢得人心。

活在仇恨里的人是愚蠢的。要知道，在憎恨别人时，心里总是愤愤不

平，希望别人遭到不幸、惩罚，但是往往却很难得偿所愿。因此，心中难免会有失望、莫名的烦躁，一个人一旦处于这样的状态，他便失去了往日轻松的心境和欢快的情绪，心理就会失衡；另一方面，在憎恨别人时，由于疏远别人，只看到别人的短处，在言语上贬低别人、在行动上敌视别人，结果使人际关系越来越僵，以致树敌为仇。

以德化怨，春风化雨，是成熟人性臻至化境的象征，宽容的人生收获的必是满城桃李。

幸福锦囊

◆ 一个人如果选择了计较，他将在黑暗中度过余生；若是选择了宽容，他便能将阳光洒向大地。

◆ 宽容别人，就是解放自己，还心灵一份纯净。

◆ 宽容是一笔巨大的财富，是至善人性达到的一种境界，是人性之花历经沧桑之后依然盛开的那份通透与恬然。

第十四章
一念放下，万般自在

放下是一种心境，唯有放下，才能拥有平和的人生。一个人，要想真正学会放下，就必须有宽容的心胸、乐观的态度、积极的心态，以热切之心入世，以淡泊之心出世，只有这样，才能拥有自在的人生。

从内心选择幸福，人生才会阳光明媚

我们不察觉自己幸福，因为我们不知道有些痛楚、失望、悲欢离合，也是幸福。

——张小娴

在如今这个物欲横流的时代，人人都在追求幸福，但却又很迷茫，人们不知道如何才能获得幸福，也不知道自己是否幸福。

小花狗跟妈妈出去散步，路上，小花狗问妈妈："妈妈，幸福在哪里？"

妈妈告诉小花狗："幸福就在你自己的尾巴上。"

于是小花狗转过身去咬自己的尾巴，却总也咬不到，小花狗很沮丧，

告诉妈妈："妈妈，我总也抓不到幸福。"

妈妈笑笑说："傻孩子，只要你一直往前走，幸福就会一直跟着你！"

小花狗听了，开心地往前跑去。

其实，幸福一直都在我们的左右，只是很多时候，我们忽略了它。

小时候，幸福就是坐在爸爸的肩头接近蓝天，依偎在妈妈的怀里撒娇，就是一个气球，一辆小汽车……

上学了，幸福就是没有做不完的作业，没有老师的批评；就是考了好成绩，受到老师家长的表扬；就是星期天早上的懒觉……

工作了，幸福就是自己的工作得到领导的认可，与同事和睦相处；就是周末不用加班，老板交代的任务顺利完成……

恋爱了，幸福就是男/女朋友一句亲切的问候，一个温暖的拥抱；就是手牵手走在街头；就是相思中的煎熬……

结婚了，幸福就是渴时爱人递上的一杯水，冷时爱人加的一件衣，病时爱人的精心守护；就是流泪时爱人递上的纸巾，风雨来临时，爱人撑起的一把伞；就是一家三口其乐融融……

……

其实，幸福就是内心的一种感觉，是不能简单地用语言来表达的，还记得范伟曾经说过：外面下雨了，别人都挨浇，而自己没有，这就是幸福。

人生是一个选择的过程，**一个人是否幸福，就看他自己的选择。假如他决定选择幸福，那么就一定有可以找到幸福的理由**。

一个人是否幸福，与他住多么高级的社区、是否有高薪的工作、有多少休闲时间、有多么显赫的头衔、有多少名牌衣服、有多么豪华的房车、有多少银行存款全然没有关系。智者告诉我们，幸福是一种心境。富兰克林说："真正快乐的人，即使绕道而行，也懂得欣赏沿路风光。"这句话的意思就是：快乐的人遇到环境变迁，依然笑口常开。同样的道理，一个人如果从内心选择幸福，那么即使厄运当头，他也依然会乐观地走下去。

露丝和丈夫结婚 15 年了，他们依然很恩爱。

一天，丈夫从烤箱里拿出最后一个汉堡包，问露丝想不想吃。

“你知道吗，皮特给玛丽买了一枚贵重的钻戒，玛丽给他买了一件长毛皮大衣。”露丝说。

“咱们这里一年到头都这么热，毛皮大衣有什么用呢？”丈夫笑着回答。

吃完汉堡包，丈夫开始收拾东西，露丝看着他。他们一起经历了两次经济危机，三次流产，搬过五次家，养育了三个孩子，用过九辆汽车，有23件家具，度过七次旅行假期，换过13份工作，共有18个银行存折和三张信用卡。

露丝经常给丈夫剪头发，经常帮他整理衬衣领子；露丝每次怀孕时，丈夫都给她洗脚；有很多次在她用完车后，丈夫都会把车子停到它该停的地方。他们共用牙膏、橱柜，有共同的账单和亲戚，同时，他们也相互分享友情和信任……

丈夫走过来，对露丝说：“我给你准备了一件礼物。”

“什么？”她惊喜地问。

“闭上你的眼睛。”

当她睁开眼睛时，只见他捧着一棵养在泡菜坛子里的椰菜花。“我一直偷偷地养着它，叫孩子们看见，就该把它毁了。”他乐滋滋地说，“我知道你喜欢椰菜花。”

这时，一种甜蜜的幸福从露丝心中升起。

实际上，**快乐和幸福只在你的感觉中**。

你是否快乐，决定权在你，而不在老板、配偶、朋友、父母、社会，或政府的身上。一位智者说：“宪法并不保障人民的幸福，只保障人民追求幸福的权利，而幸福得靠自己去追求。”要不要幸福，在于你的选择，但请务必把幸福看得比成功重要，因为成功不一定能带来幸福。

如果你还在到处寻找幸福，却总是空手而回。那就表示你找错了地方或方法不对，应当多留意你找过的场所，或调整方法。追求幸福的决定权掌握在你的手里，无论你是男是女、是高是矮、是富是贫、是单身还是已

婚、是白丁还是饱学之士，能不能找到幸福，全靠你自己。

幸福锦囊

◆ 幸福其实很简单，只要你有一颗细细品味幸福的心，幸福就会围绕着你。

◆ 幸福不是锦衣美食、高床暖枕，幸福只是对自己存在和生活状态的满足。

◆ 幸福存在于生活的点点滴滴中，需要用心去体会。

不能流泪时，要学会微笑

应该笑着面对生活，不管一切如何。

——伏契克

每个人都希望自己的生活一帆风顺，但这只是人们的一个美好愿望，因为命运常在不经意间同人们开些玩笑，不幸和厄运也会不期而至。种种的意外，也许会给我们造成巨大的伤痛。但无论你如何伤悲，事情也都无法逆转，与其沉浸在悲伤中，不如接受现实。当生活不允许你流泪时，你就要学会微笑。

微笑是一种做人心态的外在表现，微笑的后面蕴涵的是坚实的、无可比拟的力量，一种对生活巨大的热忱和信心，一种高格调的真诚与豁达，一种直面人生的智慧与勇气。**境由心生，境随心转。也许无力改变周遭的事物，但是我们能够改变自己的心情。**

1985 年，辛蒂正在医科大学念书。假期的一天，她到山上散步，刚好发现了一些蚜虫，她决定带一些回去做实验。回到实验室后，辛蒂用杀

虫剂为蚜虫去除化学污染，当杀虫剂喷出来的时候，辛蒂感到一阵痉挛。辛蒂没想太多，以为自己是暂时的过敏反应，但是辛蒂没料到，她的人生从此发生了巨变。

原来，杀虫剂中所含的某种化学物质使得辛蒂的免疫系统遭到了破坏，从那之后，辛蒂对化妆品、香水以及日常生活中所接触到的一切化学物质都产生了过敏反应，而且最糟糕的是，甚至连空气都可能导致她的支气管发炎。后来，专家将辛蒂所患的这种特殊的疾病称为“多重化学物质过敏症”，但是专家们束手无策，迄今为止，依旧没有研制出医治这种病的特效药。

刚患病的那段时间，辛蒂一直流口水，她的尿液也变成了绿色，她的汗水是有毒的，她的背部留下了汗水刺激所形成的一块块疤痕。辛蒂甚至不能睡在经过任何处理的床垫上，否则就会引发心悸和四肢抽搐……辛蒂所遭受的这一切是常人所无法想象的。

后来，为了让辛蒂远离化学物质的侵蚀，她的丈夫用钢和玻璃为她盖了一所无毒房间，一个足以逃避所有威胁的“世外桃源”。辛蒂所有吃的、喝的都得经过选择与处理，她平时只能喝蒸馏水，食物中不能含有任何化学成分。这所房间的氧气都是人工灌注的，辛蒂只能通过传真机跟外界联系。

很多年过去了，辛蒂再也没见过一棵花草，也没听过一句悠扬的歌声，她感觉不到阳光、流水和风。她只能在那间无毒的小房间里，饱尝孤独之苦。她甚至不能哭泣，因为她的眼泪跟汗水一样也是有毒的物质。

虽然面临这样的窘境，但坚强的辛蒂并没有在痛苦中自暴自弃，她一直在为自己，同时也在为所有化学污染物的牺牲者争取权益。1986 年，她创立了“环境接触研究网”，以便为那些致力于此类病症研究的人士提供一个窗口。1994 年辛蒂又与另一组织合作，创建了“化学物质伤害资讯网”，防止更多的人遭受化学物质的伤害。目前这一资讯网已有来自 32 个国家的 5000 多名会员，他们发行了专门的刊物，并且得到了美国、欧盟及联合国的大力支持。

虽然辛蒂生活在与世隔绝的世界中，但是她却生活得很充实，她告诉大家："因为我不能流泪，所以我选择了微笑。"

当灾难来临的时候，人们努力回避；如果回避不了，就选择抗争；如果抗争不了，就选择承受；要是承受不了，就选择哭泣流泪；如果连流泪也不行，就只有一种选择：绝望和放弃。这是很多人对待生活的方式。事实上，绝望和放弃，意味着对生命权利的舍弃。面对灾难，当无法流泪时，辛蒂选择了微笑。

"不经一番寒彻骨，怎得梅花扑鼻香？"没有经历过痛苦，人生就不完整。经历重重苦难，跨越千山万水，人生才更充实、更有意义。

人活着并不是为了承受痛苦，但要活着却不能不承受痛苦。离开痛苦，人就会变得简单而肤浅，但如果不想方设法摆脱痛苦，那么活着也只剩肤浅而简单。

当身陷痛苦之中时，试着微笑一下，至少为生命减少一份沉重和悲壮，增添一份勇气和轻松。**当你学会在苦难中微笑时，你已经不同凡响了。**

幸福锦囊

◆ 生活是一曲快乐的歌谣，我们要微笑着吟唱。

◆ 生命是一个随时都可以停止的契约，既然有太多的事都让我们欲哭无泪，那么我们何不微笑面对呢？

◆ 不能流泪就微笑，看似无奈，实则是历练磨难后的坦然。

◆ 没有力气哭泣了，我们就选择欢笑。没有心情悲伤了，我们就选择快乐。

站在阳光里，你就能驱走黑暗

生命不宜有太多的阴影、太多的压抑，最好能常常邀请阳光进来，偶尔也释放真性情。

——焦桐

阳光是世界上最美好的东西，它能驱除阴暗，给人们带来温暖，让人心旷神怡；它沐浴万物，让世界充满向上和成长的力量。**心中充满阳光，世界在我们的眼里就不会黑暗**。即使身处逆境，阳光心态也会给我们带来希望。

有一位老画家画技纯熟，尤其是他画的鸭子极为传神。有记者采访他的时候问道:“听说十年动乱中您曾受到迫害，当时那样恶劣的环境下，您是怎么熬过来的呢？”

画家听了记者的提问，微微一笑:“那时我被下放到农村，当时给我安排的工作是放鸭子。那段时间，真的是很难过，每天要忍受别人的冷嘲热讽，后来亲人也因此疏远了我。起初，我也很绝望，觉得那样的生活生不如死。后来，在跟鸭子朝夕相处的过程中，我跟它们产生了浓厚的感情，每天早上，我打开圈门的时候，上百只的鸭子呼啦啦地围在我身边冲我嘎嘎地叫，好像是我的孩子似的，我的心里顿时温暖起来，虽然世态炎凉，但毕竟还有这么多鸭子陪着我。久而久之，我便喜欢上了鸭子。后来，我仔细观察它们的一举一动，有空的时候，就在地上用树枝勾勒，我的画技也慢慢地提高了。其实，那段经历给我最宝贵的财富，并不是画技的提高，而是一种人生态度的转变。那段经历让我明白，无论处境怎样，只要心中充满阳光，站在阳光里，黑暗就会远去。后来，即使遇到再大的困难，我也会坚强地去面对。”

无论我们的处境如何，世界是怎样黯淡，只要心中充满阳光，就不惧怕生命中的磨难。心中有希望，就永远不会被打败。

人生之路，坎坷不平，拥有阳光心态的人才能积极地面对各种处境。所以，当你心情灰暗的时候，请站在阳光下，让心里充满阳光。

生活中，有阳光，当然也会有阴影。**即使阴影仍在头上盘旋，乐观的人也不会悲伤，因为他们的内心还留有幸福的余温。**

生活中，总会有种种不如意的事情给我们心头的快乐与幸福蒙上一层尘土，但一个内心阳光的人，总是能够在生活中自由自在地挥洒，勇于选择和承担生活的责任，快乐地体悟人生。

第二次世界大战后，很多国家发生了不同程度的经济危机。在一条人来人往的街道上，有一个盲人乞丐每天都会准时出现，他大概六十多岁了。街上来来往往的人大多都愁眉苦脸的，可这个乞丐总是笑眯眯的。每当感觉到有人走近时，他就会友好地跟他们打招呼。

时间久了，人们都很好奇，为什么这个盲乞丐每天都笑眯眯的呢，他难道不为乞讨不到更多的钱忧愁，不为自己的境况悲伤吗？于是，有人就猜测，那个乞丐不是凡人，所以无忧无虑，也有人说，那个乞丐或许以前是个大富翁，受到经济危机的影响，破产了，众叛亲离，所以精神失常变成现在这样了。

后来，有一个年轻的小伙子按捺不住自己的好奇心，上前询问盲乞丐为什么每天都如此开心。听了小伙子的问题，盲乞丐笑了，他说："因为无论怎么样，我每天都能看到太阳从东方升起，我看到世界是光明的，所以我就很开心。"

小伙子很不解："您分明是个盲人，怎么能看到太阳升起呢？"乞丐说："孩子，难道双目失明就无法看到这世上的阳光了吗？"

是啊，人生光明与否，其实是一种感觉、一种心情。外部环境是一回事，我们的内心又是另外一种境界。如果我们的内心觉得满足和幸福，我们就快乐；**我们的心中充满阳光，外面的世界也就处处满是阳光。**

生活中，那些终日苦恼的人，实际上并不是遭受了多大的不幸，而是他们对生活的认识存在着一些偏差。我们必须清楚，不顺心、不如意，是人生不可避免的一部分，这些都不是我们个人力量所能左右的。明白了这一点，我们就会对生活抱一种达观的态度，而当这种态度占据一个人的心灵后，他的生活就会变得精彩起来。

幸福锦囊

◆ 只要心中有阳光，纵使周围是无边的黑暗，你的世界也会明媚而温暖。

◆ 掬一把阳光，整个太阳便在你的掌心里，光芒四射。

不是谁都能成为伟人，但每个人都能成为内心强大的人

最好的改变方式，是我们跟内在力量沟通，然后它会改变我们。

——果戈里

面对灾难，面对生活中的种种不如意，唯有内心强大的人，才能屹立不倒。

德国有一位名叫班纳德的人，在50多年的人生当中，他遭遇了大大小小200多次磨难的洗礼，因此有人称他为“世界上最倒霉的人”，但是，这个“世界上最倒霉的人”，同时也是世界上最坚强的人。

在他一岁多的时候，不小心摔伤了后背。后来，爬楼梯的时候没扶好从楼梯上掉了下来，摔残了一只脚；再后来爬树时又摔伤了四肢，一次骑车时，忽然遇到了暴风，连车带人吹翻在地，他的膝盖受了重伤。13岁时掉进了下水道，差点窒息而死。有一次他在马路上行走的时候，一辆汽车失控，把他的头撞破了，顿时血如泉涌。又有一辆垃圾车，倒垃圾时将他埋在了下面。还有一次，他在理发店理发时，突然一辆飞驰的汽车驶了进来……

他一生倒霉无数次，在最为晦气的一年里，竟遇到了17次意外。

但更令人惊奇的是，这位老人至今仍旧健康地活着，心中充满着自信，因为历经了200多次磨难的洗礼，他还有什么可怕的呢？经过了这么多次磨难，老人已经练就了一颗足够强大的心，这使他无论遇到怎样的不幸，都能应付自如。

我们每一个人，不是人人都能成为伟人，但是却可以成为内心强大的人。**一个内心强大的人，可以坚强地面对世间所有的痛苦和哀愁。**内心的强大，能够有效弥补你外在的不足，能够让一个人无所畏惧地走在人生路上。

当一个人内心足够强大的时候，他的人生之旅就会变成光明的大道，再也没有什么能让他感到害怕的。因为即使遇到艰难险阻，他也会一一化解。

有一个阿拉伯富翁，由于投资失败赔光了所有的钱，并且欠下了外债，他卖掉了房子、汽车，才偿清了债务。

此时，他的妻子儿女已离他远去，他一下子变成了一无所有的穷光蛋。他孤独一人，穷困潦倒，唯有一只心爱的猎狗和一本书与他相依为命。他万念俱灰，迷失了人生的方向。

在一个大雪纷飞的夜晚，他来到了一个荒僻的村庄，天寒地冻，他已被冻得快失去了知觉，好在找到了一个避风的茅棚。他看到里面有一盏油灯，于是用身上仅存的一根火柴点燃了油灯，拿出书来准备读书。但是一阵风却把灯吹灭了，四周立刻漆黑一片。这位孤独的老人陷入了黑暗之中，对人生感到痛彻的绝望，他甚至想到了结束自己的生命。但是，立在身边的猎狗给了他一丝慰藉，他无奈地叹了一口气便沉沉睡去。

一觉醒来，天已大亮，阳光照在他身上，暖洋洋的，他走出茅棚，突然发现心爱的猎狗被人杀死在门外。他蹲下去抚摸着这只相依为命的猎狗，他决定要结束自己的生命，因为世间再没有什么值得留恋的了。于是，他起身最后扫视了一眼周围的一切。这一眼，让他惊呆了——太可怕了，尸体，到处是尸体，一片狼藉。显然，这个村庄昨夜遭到了匪徒的洗劫，连一个活口也没留下来。

看着眼前惨烈的场面，老人不由心念急转：啊！我是这里唯一幸存的人，我一定要坚强地活下去。虽然我失去了心爱的猎狗，但是，我还有生命，这才是人生最宝贵的。

后来，老人东山再起，又创立了自己的公司。虽然期间也有过波折，但老人都一一化解，因为村庄的那次经历，已让他懂得，无论境遇怎样坎坷，只要生命在，希望就在。

人生总有得意和失意的时候，一时的得意并不代表永久的得意，然而，在失意的情况下，如果不能及时地调整心态，就很难再有得意之时。一个人是否坚强，关键在于他的内心是否强大。只有内心足够强大的人，才能够有足够的勇气去面对生活中的各种艰难困苦。内心强大的人，无论什么时候都能宠辱不惊，坦然而行。

幸福锦囊

◆ 做一个内心强大的人，而不仅仅是外表强悍的人。

◆ 一个内心强大的人，即使是平淡的生活，也会生活得的快乐、幸福。

◆ 内心强大的人，即使处于浮躁喧嚣的现实世界，也能坚守心灵的那份纯净。

生活如镜，给她微笑，她必将报你以微笑

学会忘记是生活的技术，学会微笑是生活的艺术。

——巴斯德

生活就像是一面镜子，映照着人的一生。人生的一切，都会如实地映照在这面镜子里。当我们敞开心扉，用美好的心去看待生活时，生活回答我们的也是美好；如果你努力去发现美好，美好也会发现你；如果你努力去尊重他人，你也会获得尊重；如果你努力去帮助他人，你也会得到同样的对待。

人生就像是在大海中航行的一叶扁舟，有时风平浪静，一帆风顺，有时也会遇到风浪和险礁。在这人生航程的不同的景况下，你如何面对生活这面镜子呢？在你幸福和欢乐的时候，生活之镜会映出你脸上那灿烂的笑容。当痛苦和厄运降落在你的头上时，生活之镜又会表现出你怎样的面容呢？

皮特是一个邮递员，他十分热爱自己的工作，每天上班的时候都是面带笑容，路上见到人也热情地打招呼。后来，他负责的那一片区域的人们都认识了他，都认为他是一个快乐的邮递员。他工作也很负责，即使那些地址不详或字迹不清的信件，经他辨认试投，也都一一找到信件主人了。

每天下班回到家，皮特总是会把一天中遇到的事情讲给家人听。吃完晚饭，他会带着妻子和一对儿女到附近的公园去散步。皮特的生活像是一片晴空，没半点阴影。

这样快乐的生活后来被打断了，那是一个晴朗的早晨，皮特的小儿子突然高烧不退。当皮特把镇上的医生请到家里的时候，孩子已经死了。跟着，皮特的心也死了。

从此，皮特的生活就像是一封地址不详的死信，失去了寄托。他每天早早起床，出门上班。他坐在办公桌前，默默地办公，同事们再也无法从他的脸上看到一丝笑容。下班回到家，默默地吃完晚饭，皮特就早早地上床了。可妻子知道，皮特常常整夜整夜地看着天花板睡不着觉。

妻子看在眼里，急在心里，她对皮特百般安慰但总是不见效。

眼看着圣诞节就要到了，周围都沉浸在喜气洋洋的气氛中，但是皮特一家仍然死气沉沉的。本来年初便跟弟弟一起翘首盼望年尾的女儿，也沉默寡言。

这天，皮特又像往常一样默默地坐在办公桌前分发信件。这时，他看到了一个用彩色纸做成的信封，信封上面用蓝色笔歪歪扭扭地写着“寄交天堂奶奶收”几个大字。很显然，这是个小孩子写的。皮特轻轻地叹了一口气，准备扔到一旁，但“寄交天堂”的字样触动了他的心弦。于是，他拆开了信，信里面有一张很好看的信纸，上面的字迹也显得很稚嫩：

“亲爱的奶奶：

您好吗？弟弟死了，爸爸妈妈都很难过，我也很难过。妈妈说人死了会到天堂，现在弟弟一定跟奶奶在一起吧，弟弟有玩具玩吗？他以前最爱玩玩具了。

现在在家里我不敢碰弟弟的任何东西，他的玩具我都收起来了，我怕爸爸看到伤心。现在爸爸每天都不说话，晚饭后也不带我和妈妈出去散步了，我爱听他讲故事，但是我也不要他讲了。有一次我听见妈妈说：‘只有主能解救他。’奶奶，主在哪里呢？我一定要找他，请他来解除爸爸的痛苦，叫爸爸仍旧带我出去散步，给我讲故事……”

看完信，皮特泪流满面。

这天下班时，街灯已经亮了。皮特回家的脚步比以往轻快了许多，来到家门口，他踏上门阶，但没有马上推门，而是静静地站在门外，他整理了一下自己的衣服和头发，缓缓地呼出了一口气，他要让家人重新看到自己脸上的笑容。

生活如镜：你坚强，它会带给你勇气；你执著，它会给予你力量；你奋斗，它会给你送去希望。你漠视生活，生活将把你抛弃；你用愤怒或绝

望的拳头将生活之镜击碎，生活就会毁掉你的整个人生。

很多时候**环境并没有发生改变，改变的只是我们的心态**。因为心态改变了，看问题的角度变了，所以眼睛里的风光和体会出的生活况味也就不一样了。而正是这种改变令大家拥有了不一样的人生。就像那句人生箴言一样，“有两个人从铁窗朝外望去，一人看到的是满地的泥泞，另一个人看到的却是满天的繁星。”对生活持一种达观的态度，就不会稍有不如意，便自怨自艾了。即便不能完全选择并支配生活，但我们至少可以选择自己面对生活的态度。

生活如镜，**只要你永远以微笑面对生活，生活就会还你永久而灿烂的笑容！**

幸福锦囊

◆ 遇到生活的不公、坎坷，乃至灾难时，请始终保持乐观的心态，永远笑对生活。

◆ 不管生活中有哪些不幸和挫折，你都应以欢悦的态度微笑面对。

◆ 除了不能改变过去，你可以改变的事情很多，包括你的现在和未来。所以，换一个角度，换一种思维，换一份心情，去生活。